奇形美學

食蟲植物
瓶子草

栽培照護＆花藝應用完全指南

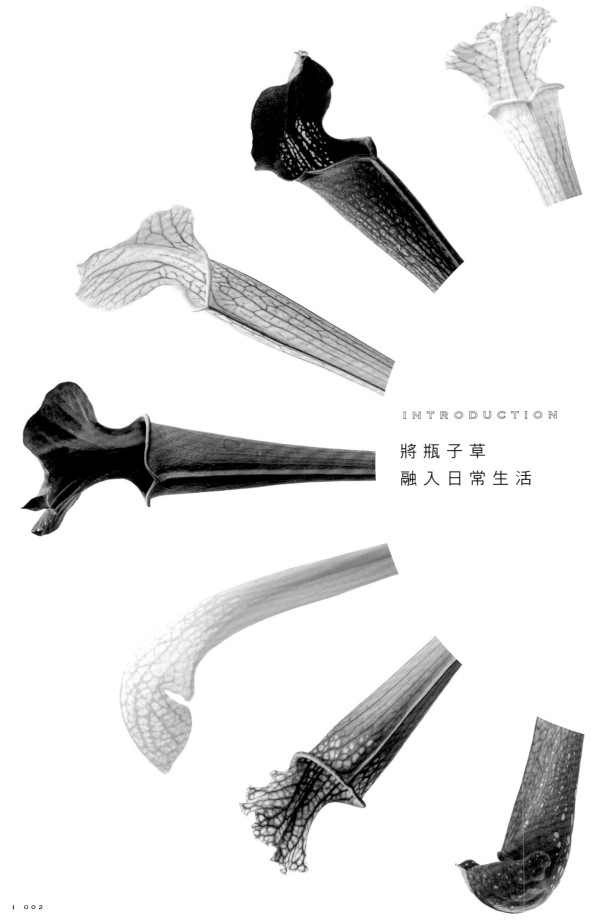

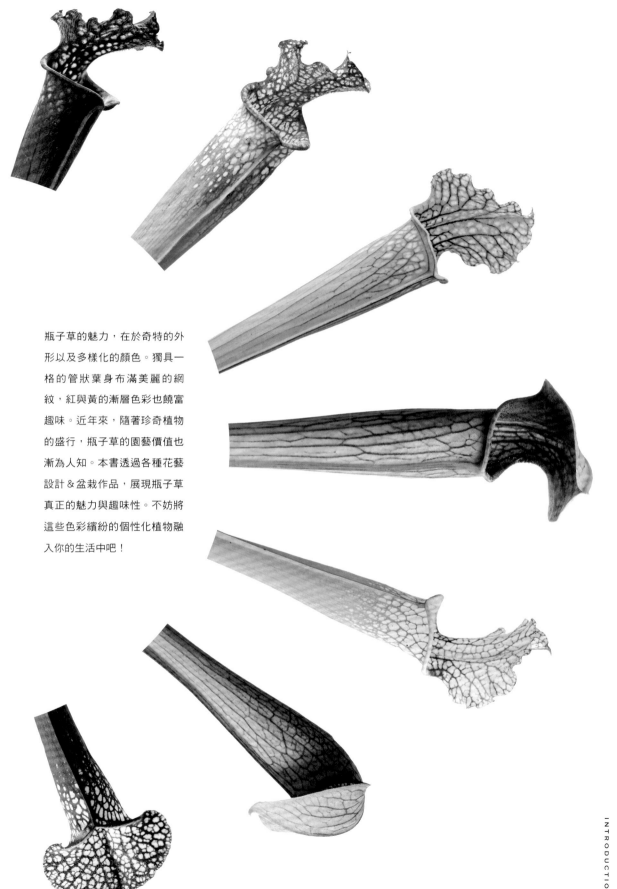

瓶子草的魅力，在於奇特的外形以及多樣化的顏色。獨具一格的管狀葉身布滿美麗的網紋，紅與黃的漸層色彩也饒富趣味。近年來，隨著珍奇植物的盛行，瓶子草的園藝價值也漸為人知。本書透過各種花藝設計＆盆栽作品，展現瓶子草真正的魅力與趣味性。不妨將這些色彩繽紛的個性化植物融入你的生活中吧！

奇形美學　食蟲植物瓶子草
C O N T E N T S

認 識 瓶 子 草

外形奇特的瓶子草到底是什麼樣的植物呢？
藉由生態、生活史及相異的品種介紹，探索瓶子草形形色色的魅力吧！

瓶 子 草 是 什 麼 樣 的 植 物 呢 ？

瓶子草為原產於北美的瓶子草科多年生草本植物。瓶子草科包含瓶子草屬、眼鏡蛇瓶子草屬及太陽瓶子草屬，共三個屬。其中瓶子草屬又可分為八個物種，其特徵皆是擁有管狀的葉子。

瓶子草的屬名源自於米歇爾·薩拉辛（Michel Sarrazin）醫師的姓名。由於外形宛如細長的壺形酒瓶，因此在日本被稱為「瓶子草」。英文名稱為North American Pitcher Plant。

管狀葉具有捕蟲功能，又名捕蟲葉，因此被分至食蟲植物一類。食蟲植物是指能夠誘捕昆蟲等小型生物，將其消化吸收以補充自身養分的植物總稱。目前所知的食蟲植物分為12科20個屬，瓶子草、捕蠅草及豬籠草同為食蟲植物較廣為人知的常見種類。

食蟲植物的捕蟲方式依種類而異。瓶子草的瓶蓋及瓶口處會分泌蜜糖來吸引昆蟲，被引誘的蟲子從瓶口掉進瓶中後，即成為瓶子草的獵物。捕蟲瓶葉子的內壁布滿倒生的硬毛，能確保掉下來的昆蟲落入下方，無法往上脫逃。再藉由瓶中的消化液與細菌分解昆蟲，進而吸收其養分。消化酵素又稱為轉化酶與蛋白酶。瓶子草以這種方式捕捉昆蟲，最終是為了補充有機養分，但基本上主要還是由根部吸收植株所需養分，藉由光合作用促進生長。

分布範圍遍及加拿大東部、美國東海岸至南部，生長區域廣闊，常與其他植物混生於日照佳的酸性濕地。由貼近地表的粗壯鱗莖生長出葉子，葉形（捕蟲瓶）、紋路、瓶蓋依品種而異，植株有高有低，高的品種可達一公尺以上，而蓮座狀長出的簇生葉，有直立型以及沿著地面放射狀生長等各種型態。春天長出管狀葉，夏天之後，有些品種會長出不具捕蟲功能的劍形葉。到了冬天，地面上的葉片會逐漸枯萎進入休眠期，隔年春天又會開始生長。

〔 花 〕

瓶子草會抽出一枝長長的花莖，花莖前端只會開出一朵花，花朵呈下垂狀，具有五個萼片與五片花瓣。雌雄同株，有許多雄蕊，雌蕊花柱頂端延伸成板狀，形如上下顛倒的傘狀。花色除了黃色外，還有暗紅、紅色、粉紅、橘色及奶油色等。

〔 葉子 〕

管狀葉密生於鱗莖之上。葉子外形及紋路依品種而異。底部積存著消化液。

〔 鱗莖 〕

貼近地面生長橫向的鱗莖，新葉皆從這裡長出。

〔 根 〕

由鱗莖往地下生長，根上長著無數如鬍鬚般的細根。

瓶子草屬食蟲植物之一。捕蟲瓶內積存著消化
液，消化分解落入的昆蟲，進而吸收其養分。

形 狀 ‧ 顏 色 的 多 樣 化

瓶子草的葉形、顏色及紋路會依品種而各有特色，這正是其魅力所在。原生種共有八種，分別為翼狀瓶子草、黃瓶子草、白瓶子草、小瓶子草、山地瓶子草、鸚鵡瓶子草、紫瓶子草及紅瓶子草。各個原生種又衍伸出變種及亞種，外形及顏色可說變化多端。

翼狀瓶子草的管狀葉呈垂直生長，瓶身平順少凹凸，特徵是葉子多呈黃綠色，其中也有帶著紅色或紫色脈紋的品種，或葉子上方至整株呈紅色或紫色的品種。黃瓶子草植株高大、瓶蓋寬，瓶蓋連接處較窄，瓶口前端呈尖嘴狀，瓶身略微形似漏斗，別具觀賞特色。顏色從黃綠、紅色至紫色都有，也有整株呈紅色，或黃瓶蓋紅瓶身的品種等。白瓶子草的日文名稱為「網目瓶子草」，具有美麗的網紋葉脈。顏色有白、紅、綠色，紋路模樣也各不相同。山地瓶子草與黃瓶子草外形相似，黃綠、紅、紫色的葉面上散布著紅色網紋。小瓶子草的瓶蓋與瓶身相連，構成獨特的彎曲造型，黃綠色葉面帶有白色斑點。也有

葉子頂端呈茶色或紅色的品種。鸚鵡瓶子草的葉子匍匐於地面，蓮座狀的簇生葉呈放射狀往外生長，瓶蓋與瓶身相連的葉子前端呈圓球狀，葉子多為黃綠色或紅色。紫瓶子草有著矮胖瓶身，中央鼓起略顯圓潤，瓶蓋直立，黃綠色的葉子上布有紅色網紋。紅瓶子草的瓶身偏細，瓶蓋也呈細長狀，相較於其他品種的瓶子草，植株較為密生，黃綠色或紅色的葉子上布有紅色網紋。

由於原生種的種類豐富，分布範圍免不了有重疊之處，因此亦可窺見自然雜交的品種。此外，同種之間的交配較為容易，因而培育出許多交配品種。雜交種或交配種兼具親代的兩種不同特徵，外形大多介於兩者之間，具有原生種沒有的獨特魅力。舉例來說，有黃瓶子草與紫瓶子草雜交出的「卡特思」，以及小瓶子草與鸚鵡瓶子草雜交出的「福爾摩莎」等品種。也有在日本培育出的人工交配種「艷姿」、「江戶自慢」、「京鹿之子」等，從名稱就可想像其優雅模樣。

各具特色的瓶子草屬植物，顛覆了一般人對葉片的印象。這些都是葉子而不是花。由左上至右分別為原生種的翼狀瓶子草、黃瓶子草、白瓶子草、小瓶子草、山地瓶子草、鸚鵡瓶子草、紫瓶子草、紅瓶子草。雖然都是瓶子草，但外形與顏色變化豐富多元，八種瓶子草各自展露不同風情。此外，藉由交配繁殖又能產生新的品種。

其 他 食 蟲 植 物

除了瓶子草之外，還有許多充滿獨特魅力的食蟲植物。
本書僅介紹幾個在食蟲植物中具有代表性的屬。

捕 蠅 草
Dionaea

毛氈苔科的多年生草木植物，整個屬就只有捕蠅草（muscipula）一個種。原產於美國北卡羅萊納州與南卡羅萊納州。葉柄前端有兩瓣貝殼狀的捕蟲夾，捕蟲夾邊緣長有睫毛般的刺毛。而兩片捕蟲夾的內側各有3根「感覺毛」，當昆蟲在短時間內觸碰感覺毛兩次以上時，葉片就會迅速閉合，將昆蟲困在葉片中開始消化分解。初春會開白色小花。另外，在市面上流通的園藝品種還有「鯊魚齒捕蠅草」、「大嘴捕蠅草」等變異種。

毛 氈 苔
Drosera

分布於全世界的溫帶地區，目前所知其屬之下的物種約有200種。葉子表面布滿帶有黏液的腺毛，以此腺毛黏捕昆蟲。整片葉子彷彿布滿細小的露珠般十分美麗，因此英文又稱為Sundew（太陽之露）。擁有形形色色的不同外形，例如從葉柄分裂成二葉、四葉的叉葉毛氈苔，以及葉子末梢呈尖劍狀的阿迪露毛氈苔等。此外，日本濕地也有原生的圓葉毛氈苔及盾葉毛氈苔等品種。

豬籠草
Nepenthes

日本名為「靫葛」。豬籠草科多年生藤本植物，主要生長於東南亞。由葉子演化而成的捕蟲瓶中積存著消化液，以瓶蓋或瓶口所分泌的蜜汁引誘昆蟲，進而捕食落進捕蟲瓶中的昆蟲。目前已確認的物種約有100種，大多原產於馬來西亞的京那巴魯山，其中又分為高山種與低山種。捕蟲瓶的外形及紋路多樣富變化，觀賞價值高，有捕蟲瓶圓滾小巧的蘋果豬籠草，亦有籠唇寬大的維奇豬籠草等各式品種。雌雄異株，一枝花莖可以開出許多花朵。

捕蟲菫
Pinguicula

廣泛分布於溫帶至亞熱帶地區。目前約有70個物種，以蓮座狀生長的葉子分泌黏液，黏捕昆蟲。狸藻科多年生草本植物，可分成美洲、墨西哥及歐亞寒帶地區三大類。生長於濕地或岩石表面，一枝花莖開一朵花。花色有紅色、深粉紅、紫色及黃色等，也有葉片帶網紋的品種。日本也有原生的野捕蟲菫及分枝捕蟲菫。

狸藻
Utricularia

狸藻科狸藻屬的多年生植物。水生種被歸為狸藻類；地生種及著生種則被歸為挖耳草類。廣泛分布於溫帶至熱帶地區，共約150種。主要生長於濕地，捕捉昆蟲的部位在土地裡也有，在葉子或花莖根部長有極小的半透明袋狀捕蟲囊，一旦昆蟲觸碰到捕蟲囊，便會與水一同被吸進捕蟲囊中。花朵開於地面上，生長於日本地區的品種有短梗挖耳草、紫花挖耳草。

露松（露葉毛氈苔）
Drosophyllum

原產於西班牙、摩洛哥及葡萄牙的露松科為多年生草本植物，整個屬當中只有露松（lusitanicum）一個種。生長於乾燥的荒地，生長期在雨季。葉子上的腺毛與消化腺會分泌出黏液來捕捉昆蟲，進而分解吸收。花莖為分枝狀，花朵是鮮明的黃花。莖會隨著生長變得直立、木質化。喜好日照，耐乾燥，容易開花結果，是植株強健容易培育的品種。黏液會散發出一股動物的騷臭味，據說貓咪喜歡這種味道。

貉藻
Aldrovanda

水生多年生植物。曾分布於全球各地，但是大多數物種已經滅絕，現在許多原生地已不見蹤影。毛氈苔科，整個屬當中只有貉藻（vesiculosa）一個種。生長於池沼中，葉序輪生，同一莖節上著生5至7片葉子。由於外形長得很像貉的尾巴，因此當時的發現者牧野富太郎命名為「貉藻」。葉子前端有兩片貝殼狀的捕蟲夾，水蚤等微生物觸碰到捕蟲夾的內側時，捕蟲夾便會迅速閉合，將獵物困在其中。進入冬季時，葉子前端會長出越冬芽，沉於水底。葉子有綠色系及紅色系。

土瓶草
Cephalotus

僅生長於澳洲西南部，自成一科，只有一屬一種的多年生植物，即土瓶草科土瓶草屬土瓶草種（follicularis）。極短的莖上生長著瓶狀的捕蟲葉，以及不具捕蟲功能的普通葉。捕蟲瓶上方帶有瓶蓋，捕蟲瓶中積存著消化液，分解吸收不小心掉進來的昆蟲。土瓶草瓶蓋的外形與虎耳草的葉形相似，因此在日本又稱為「有袋虎耳草」。花莖會由植株中央抽出，前端分枝會開許多白花。

PART 1
SARRACENIA
ARRANGE
瓶子草的花藝運用

南國風空中花園
從黃色變葉木之間
一窺瓶子草的芳蹤

　　從黃色變葉木上方可一窺瓶子草
的瓶身，造型吸睛可愛。變葉木搭配鮮
豔的黃瓶子草及翼狀瓶子草，呈現出高
低層次感。瓶身開口彼此相對、橫向排
列，展現流線型瓶蓋的線條美，乍看之
下瓶子草彷彿在草叢中竊竊私語呢！
遮去大部分的瓶身，營造出獨特的視
覺飄浮感。在變葉木之間插上蜘蛛蘭
Brassia，彷彿蜘蛛悄悄靠近瓶子草般逼
真。瓶子草之間再添上綠色的火鶴，增
添趣味性。選用黃色玻璃花器，使整體
色調統一，洋溢南國風情。

FLOWER
ARRANGE

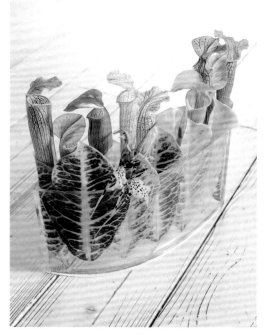

PLANTS DATA | 翼狀瓶子草混合種／黃瓶子草混合種
／變葉木／蜘蛛蘭／火鶴

為了讓花材呈現飄浮的視覺效果，因此選用窄款呈扁平狀，且
兩端彎曲呈弧形的玻璃花器。將變葉木的葉子相互重疊，瓶子
草則插出高低層次。

復 古 相 框 中 的 立 體 畫

運用瓶子草本身能夠立起的特性，
完成一幅鮮明的立體畫。改變一下瓶子
草的角度與位置，使色彩繽紛的葉子與
美麗的輪廓展露無遺。將相框斜靠於牆
上，彷彿自成一方天地。不需搭配其他
植物，將焦點凝聚在瓶子草上，突顯存
在感。

挑選擁有美麗網紋的紅色、綠色系
白瓶子草，再搭配紫瓶子草、黃瓶子草
及翼狀瓶子草的混合種等。豐富的顏色
相互交織，與復古風裝飾相框交融，呈
現出宛如巴洛克繪畫風格的氛圍。

PLANTS DATA ｜ 混合各個品種的瓶子草

演繹季節更迭
秋意盎然的白瓶子草捧花

　　花束整體用色以象徵秋季轉入冬
時的綠、紅及茶色為主，點綴出濃濃的
秋意。將美麗的白底紅網紋瓶子草置於
中央，搭配一朵花瓣暗紅、邊緣略帶白
色的華麗裝飾型大理花，側邊以紅銅色
的木莓葉點綴，然後用由紅轉茶色的漸
層色火鶴葉子包住花束，最後將葉子邊
緣往外反摺，再以枯枝固定。將火鶴的
莖彎成如同把手的形狀，插在捧花上固
定。整體色調以棕色為主，讓白瓶子草
的蕾絲紋路更加顯眼，典雅氛圍的捧花
與復古風格的室內裝潢相得益彰。

PLANTS DATA 　白瓶子草混合種／大理花／木莓
葉／火鶴Rom's Red（Anthurium
chamberlanianum）

SARRACENIA ARRANGE

四面八方恣意生長的紅白之葉
白瓶子草的立體盆栽花藝

　　活用植物奮力朝上生長的習性創作
而成的立體盆栽。用鑽頭在長方形陶盆
的四個表面開孔，裝進大粒鹿沼土、中
粒鹿沼土及鹿沼土＋泥炭土＋珍珠石混
合而成的介質，由下往上依序將幼苗植
入花盆上的小孔，並且以沾濕的水苔固
定。此外，花盆上方也同樣種上幼苗。
花盆側面長出的葉子彷彿圍繞著上方
的葉子般，高低不一的層次感也饒富趣
味，正因為是瓶子草，才能夠擁有如此
筆直伸展的造形。

　　選用紅色系與綠色系的白瓶子草，
再加上其他顏色的幼苗賦予變化性。是
一盆生意盎然，從360度都能觀賞的瓶
子草盆栽。

CONTAINER
ARRANGE

01

PLANTS DATA ｜ 綠色系白瓶子草／紅色系白瓶子草

種植花盆側面的瓶子草時，可在發芽之前調整其角度。亦可特
意栽植一部分已發芽，並且將葉子彎成U字形的幼苗，呈現優雅
的飄逸感。

矮種瓶子草
搭配渾厚的黑陶器
構成和風又時尚的盆栽

　　挑選低矮的紫瓶子草、蓮座狀生
長的鸚鵡瓶子草作為植栽，配合穩重的
有足平底陶盆，將重心置於下方，營造
出十足的安定感。種植鸚鵡瓶子草的花
盆中，栽種了同為食蟲植物的絲葉腺毛
草；紫瓶子草的花盆中也種植了好望
角毛氈苔、毛氈苔交配種Snyderi及蔓
越橘。主要使用鹿沼土栽植，堆放呈中
央隆起狀，最後再鋪上些許活水苔。
此外，盆面以細顆粒的富士砂作為化妝
砂，增加黑色的面積，使其與黑色陶盆
融為一體。渾厚的陶器質感與生命力強
的瓶子草彼此不遑多讓，構成如雕刻般
美麗的組合盆栽。

PLANTS DATA	上）鸚鵡瓶子草／絲葉腺毛草 下）紫瓶子草／蔓越橘／好望角毛氈苔／毛氈苔交配種Snyderi

上為鸚鵡瓶子草；下為紫瓶子草的組合盆栽。兩盆擺在一起十
分協調，彷彿渾然天成自成一體。陶盆是陶藝家渡邊賢司先生
專為本書精心製作。

近未來的原始回歸
覆滿青苔的瓶子草塔樓
引發無限懷古幽情

　　以植物蔓延廢墟般的建築為發想。
在素燒盆口處蓋上盆底用紗網，以鐵絲
固定後，底部朝上置於盤子上。接著在
朝上的盆底及花盆側面開孔，倒入培養
土，植入即將發芽的瓶子草幼苗後，以
水苔固定。在花盆上方種植小苗與水
苔，花盆表面覆上大灰蘚。種植田字
草，使其根部著生於底盤中的培養土。
半年之後，瓶子草與盆內的青苔渾然一
體，展現出經歷時間洗禮過的洗練感。

CONTAINER
ARRANGE
○③

截取生命的瞬間
圍於玻璃圓柱中的
瓶子草之偶

以精心擺設於玻璃圓柱中的娃娃為
設計構思。在高一公尺的細長玻璃圓柱
花器中，放進一枝L尺寸大小的黃瓶子
草。如此一來不但能襯托出它的高度，
強調存在感的同時，更是以傾斜的角度
帶出動態的緊張感。只有40公分高的
寬幅玻璃圓柱花器中，內側底部以火鶴
的葉子圍住，遮掩放入的海綿，再插上
白瓶子草、翼狀瓶子草等，最後在海綿
表面鋪上一層冰島地衣（依蘭苔）。瓶
子草的高度差不多與花器相等，藉此營
造出份量感，正好與另一瓶子草形成對
比。在封閉的空間中，彷彿時間靜止的
世界充滿無限魅力。

FLOWER
ARRANGE

◯4

將瓶子草插在海綿上時，在捕蟲瓶中央垂直穿入竹籤作為固定之用，然後在海綿表面鋪上一層
冰島地衣。

PLANTS DATA | 黃瓶子草／翼狀瓶子草混合種／白瓶子草混合種／火鶴／冰島地衣

石縫間迸發生長的綠意
展現植物強而有力的生命力
附石瓶子草

　　應用盆景或蘭花的附石手法栽植瓶
子草。重現種子在岩縫中落地生根，生
氣勃勃地冒出新芽，展現出植物強而有
力生命力的景像。

　　選用巴西產的白色石英砂岩石板
（Albino），準備大、中、小尺寸各
一，共三片。由上往下以中、小、大的
順序將石板重疊，確定重疊方式後，在
三片石板上各鑽兩個小孔，然後將鐵絲
穿過兩個小孔，收成一束紮緊固定。在
石板縫隙間填入黏土、細小的赤玉土與
珍珠石混合的介質，並在石板上擺放以
黏土種植的白瓶子草。植株底部四周以
活水苔及細粒的富士砂點綴，在較大株
的瓶子草底部旁栽植圓葉毛氈苔；較小
株的瓶子草搭配狸藻。石板縫隙間的黏
土，也栽植一些活水苔及圓葉毛氈苔。

CONTAINER
ARRANGE

04

PLANTS DATA ｜ 白瓶子草混合種／圓葉毛氈苔／
　　　　　　　狸藻

若只將兩片石板重疊在一起，中間的黏土會被壓得太緊實，因
此在兩片石板中間夾上一塊小石板，留出一小片空間。藉由附
石的手法，不僅能讓植物繼續生長，亦可直接就此栽培。

沁涼綠葉的襯托之下
在窗邊凜然而立的
白瓶子草 & 花萼

FLOWER
ARRANGE
05

　　在藍色玻璃花器裡，飾以綠葉搭配
白瓶子草，呈現涼夏簡約風。

　　將山蘇的葉子捲起來放進花器中，
即可代替固定花材的海綿。其中一個花
器插上擁有美麗網紋的白色系及紅色系
白瓶子草，另一個花器則是僅插上一朵
瓶子草的花萼。生長於南國的羊齒植物
──山蘇，搭配透明藍色玻璃，洋溢著
熱帶風情。白瓶子草的蕾絲紋路，與花
萼一枝獨秀的模樣，顯得涼爽且清幽。

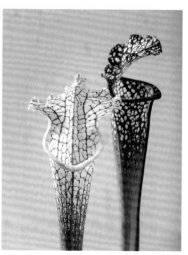

瓶子草的花萼是花瓣脫落後留下來的部分，鑑賞期長，可直接變成乾燥花。

PLANTS DATA　　|　白瓶子草／瓶子草的花萼／山蘇

SARRACENIA ARRANGE

小空間的玩心裝飾
享受窗檯邊形形色色的
迷你盆栽們

　　將生長1至2年的可愛幼苗，栽植
於掌心大的陶器中吧！作法如下：左邊
的正方形陶罐是將大粒的鹿沼土從縫隙
中填入，接著鋪上中粒鹿沼土，植入幼
苗後再填進基本用土。植株底部四周以
水苔固定，表面再加上活水苔點綴。中
間三盆以水苔包裹根部，同樣用大粒與
中粒的介質栽植，表面薄薄鋪上一層富
士砂，點綴些許水苔即可。右邊的酒壺
型陶器，則是先將沾濕的水苔薄薄鋪在
內側，再填入介質。在表面大大小小的
孔中植入瓶子草後，再以沾濕的水苔固
定，部分植上活水苔。

CONTAINER
ARRANGE

05

由左至右栽種的分別為紅色系黃瓶子草、白瓶子草、白瓶子草、紫瓶子草、紅色系黃瓶子草。
事先以種子育苗，作出苗盆，再挑選外形美觀的植株栽種即可。

PLANTS DATA　｜　黃瓶子草／白瓶子草／紫瓶子草

錯落有致的立體陳設
漂流木上的小可愛
豆盆風瓶子草幼苗

　　這是玩具般玲瓏可愛的瓶子草豆盆。七個豆盆中分別栽植不同種類，皆是由種子培育1至2年的幼苗。基本作法如下：將中粒鹿沼土倒進盆底，再填入混合介質（鹿沼土＆泥炭土＆珍珠石），發芽期的瓶子草幼苗以水苔包裹根部後，植入盆中，再以活水苔作為點綴，富士砂作為化妝砂。亦可預先將種子苗作成小小的組合盆栽。最後面那一盆紅色角盆，就是紫瓶子草的種子苗與三枝開卡蘆的組合盆栽。開卡蘆在稍微發芽階段，就與瓶子草栽植在一起。利用流木將豆盆分散擺開，不同葉形的瓶子草擺在一起顯得立體有層次，共同演出的一幕令人愛不釋手。

CONTAINER
ARRANGE
06

擺上漂流木作為底座，將豆盆分散擺放在顯而易見的位置上。由於豆盆體積小，直徑只有1.5至3公分，建議以盆底吸水法確保土壤經常維持濕潤的狀態，以免水分不足而阻礙生長。

PLANTS DATA ｜ 白瓶子草混合種／紫瓶子草／鸚鵡
｜ 瓶子草混合種／開卡蘆

奇形之美交融
南國紅樹林果實&
黃瓶子草的個性派花藝

　　生長於南方島嶼紅樹林中的林投
果，搭配黃瓶子草的花藝設計。林投果
的聚生複雜造型，與細長俐落的直線型
黃瓶子草，這個嶄新的組合有著魅力無
窮的獨特存在感。使用尚未成熟、轉化
為橘色前的林投果，搭配瓶蓋略微枯萎
的黃瓶子草，呈現出天然手感與靜謐之
美。在林投果的襯托下，黃瓶子草由綠
轉黃的漸層顯得更加鮮明。裝飾於寬闊
的白色壁龕上，富有個性的造型宛如藝
術作品般饒富趣味。

FLOWER
ARRANGE

PLANTS DATA　│　黃瓶子草／林投果

以刀子在林投果的果梗上刻出切口，將瓶子草的
瓶身夾進切口中。調整瓶身與瓶蓋的角度，直到
從正面望過去呈現最佳效果。

SARRACENIA ARRANGE

在九個平底盤擺上各種瓶子草，使顏色與外形達到視覺上的平衡。作品宛如藝術品，而且能同時欣賞各種富有特色的瓶子草。

PLANTS DATA　｜　白瓶子草混合種／翼狀瓶子草混合種／黃瓶子草混合種

活用造型＆色彩
營造摩登時尚設計
充滿玩心的普普風花藝

　　聚集了兼具造型＆繽紛色彩的瓶子草，充分凝聚其魅力的摩登作品。瓶子草從上方預留約10公分長度的瓶身後剪下，取九個正方形但形狀各不相同的白色平底盤，如拼圖般排列在一起。分別在花器擺上具有網紋的白瓶子草、脈紋明顯的翼狀瓶子草，以及瓶蓋呈銅色的黃瓶子草，瓶身立起放置，並注意顏色之間的協調性。

　　美麗的瓶蓋顏色與紋路十分吸引眾人目光，從正上方俯視也令人賞心悅目。改變一下葉子的角度，就能讓整體顯得栩栩如生，展現瓶子草的多元魅力。

宛如月球表面的火山口
凝集於巨大苔玉球的
莊嚴謐靜自然之美

　　直徑足有四十公分的大型瓶子草苔
玉球。線條流暢的圓弧形與蓮座狀的瓶
子草，宛若月球表面的火山口，充滿著
神祕的氛圍。作法如下：首先將盆栽底
網捲成圓筒狀。一個圓筒底部直徑35公
分，高10公分；另一個直徑20公分，高
20公分，兩個圓筒上方皆剪成皇冠狀。
兩個作好的圓筒紗網呈同心圓狀重疊，
置於盆景用的陶盤上，以黏土固定底
部，構成支撐半圓的骨架。圓筒中填入
鹿沼土為主的種植用土，再以水苔包覆
其上，作出線條流暢的圓頂狀，在水苔
上栽植鸚鵡瓶子草、圓葉毛氈苔，最後
再覆蓋一層活水苔。

CONTAINER
ARRANGE

O7

為了維持線條流暢的圓頂造型，須適時修剪活水苔、調整澆水量，使圓頂
表面保持一定的濕度。

PLANTS DATA ｜ 鸚鵡瓶子草／圓葉毛氈苔

SARRACENIA ARRANGE

高腳玻璃點心盤＆銀色花器
演繹楚楚動人的華麗
纖細柔美的歐風瓶子草

　　運用高腳玻璃點心盤＆銀色花器，
打造清純優雅的歐風花藝。在玻璃點心
盤上栽植低矮美麗的網紋紫瓶子草＆蔓
越橘，植株周圍則種植毛氈苔，再點綴
上一些活水苔。種植著「腥紅瓶子草」
的苔玉球放入鍍銀三足玻璃花器中，並
將瓶子草的蓮座狀調整至明顯的正面，
再搭配蔓越橘。復古風銀色小花器的
內側鋪上塑膠布，栽植暗紅色的「紅
兜」，表面再添上活水苔。搭配花器挑
選不同外形的低矮瓶子草，營造華麗的
造型。

散發獨特華麗感的瓶子草，適合作為餐桌或裝飾櫃上的擺飾。由於花器底部沒有排水
孔，澆水時只要讓水位維持在花器1/5高度左右的位置即可。

PLANTS DATA │ 紫瓶子草／瓶子草交配種「腥紅瓶子草（Scarlett Belle）」／
瓶子草交配種「紅兜」／好望角毛氈苔／蔓越橘

活用個性輪廓
直線＆曲線的完美融合
瓶子草的極致簡約美

　　瓶子草切花與霧面白色花器的結合，更加突顯了瓶子草的簡潔俐落之美。呈現女性柔美曲線的花器，與直線型瓶子草形成鮮明對比，霧面質感的花器更加襯托出植物的水嫩感。此外，瓶子草的長度明顯高於花器，營造出帶有緊張感的張力，讓白瓶子草的葉子更顯得美麗動人。分別將兩片霸王鳳的葉子彎成橫向的S型，插於花器中作出橫向曲線的點綴。刪除一切多餘的裝飾，只運用植物與花器本身的輪廓，將簡約美發揮到淋漓盡致。

FLOWER
ARRANGE
08

PLANTS DATA ｜ 白瓶子草混合種／空氣鳳梨「霸王鳳」

簡潔優美的曲線＆直線完美交融，瓶子草的顏色在黑白色調的室內裡顯得格外鮮明。

鑽石百合 &
紅色系白瓶子草
雅緻華麗的聯合演出

　　選用中間開孔的長方形玻璃個性花
器,以紅色系瓶子草搭配納麗石蒜「鑽
石百合」完成的華麗作品。調整鑽石百
合的長度,宛如悄悄探頭而出的露出花
器;瓶子草則是藉由高低層次,讓美麗
的網紋一覽無遺。花與瓶子草的最佳比
例為7:3,請調整至視覺上最恰當的程
度,最後在斜上方點綴幾根大王松的松
葉增添躍動感,完成三者交織的獨特畫
面。這是一款洋溢著優雅女人風情,卻
不會過於甜美的作品。

只是拉開兩枝大王松的松葉掛在花器邊,柔軟纖細的線條
即可為整體增添風趣。

PLANTS DATA ｜ 白瓶子草混合種／翼狀瓶子草／鑽石百合／大王松

以香爐代替花盆
迎風搖曳宛如火焰的
瓶子草 & 山草組合盆栽

　　植物萌芽的模樣與火焰十分相似。以彷彿被綠色火焰環繞的香爐為設計發想，讓蓬勃生長的瓶子草瓶身從香爐四周的孔洞冒出來。因此選用布滿不規則孔洞的香爐代替花盆。作法如下：有蓋的心形容器中鋪上一層薄薄的水苔，填入培養土之後，種下黃瓶子草種子苗與斑紋木賊，使植株從孔洞露出。將蓋子倒置，在蓋子內側也薄薄鋪上一層水苔、填入培養土，小心不讓培養土散落的將蓋子蓋回去。以釣魚線綁緊容器上下兩方，再取活水苔填滿孔洞，牢牢固定住植株底部四周，培育數月直到發出新芽即完成。有著孔洞的壺形香爐也採用相同的方式完成，先薄薄鋪上一層水苔，再將黃瓶子草的種子苗、開卡蘆及叉葉毛氈苔栽植在一起。

CONTAINER
ARRANGE

09

PLANTS DATA ｜ 黃瓶子草／開卡蘆／斑紋木賊／叉葉毛氈苔

只要將種子苗種得密集一些，不要留有太多空隙。隨著時間流逝，不同種類的植物自然會相互融合，渾然天成。

平面與立體共演
瓶子草＆捕蠅草的
食蟲植物組合盆栽

　　在素陶盆的側面種植捕蠅草，盆內則栽植瓶子草與白茅，呈現平面與立體的多層次盆景。藉由組合盆栽的彼此襯托，更加突顯這兩種存在感十足的食蟲植物魅力。在陶盆的側面開四個約兩公分的洞，將大粒鹿沼土倒進盆底後，在洞中植入捕蠅草，再以沾濕的水苔固定。在盆土表面栽植黃瓶子草與白茅，植株四周鋪上活水苔。紅色的紅瓶子草與葉尖泛紅的白茅，呈現出山林野草的野趣，捕蠅草搶眼的蓮座狀簇生葉，使作品極富獨創性。

CONTAINER
ARRANGE

10

通稱「紅管黃瓶子草」的紅管變種（rubricorpora），擁有相當顯眼的紅色。捕蠅草的水分易流失，因此要注意避免乾燥。

PLANTS DATA ｜ 紅管黃瓶子草／捕蠅草／白茅（紅茅萱）

選用挺然卓立的太藺
勾勒出視覺效果強烈的
直線型大膽擺飾

　　將一公尺以上的太藺隨興捆成一
束，再添上翼狀瓶子草、黃瓶子草及蜘
蛛蘭，完成突顯太藺直線效果的設計。

　　太藺側邊使用顏色不同的瓶子草插
出高低層次，製造不一樣的視覺焦點，
也為個性化的設計增添華麗感。此外，
在靠近花器之處插上形狀奇特的蜘蛛
蘭，讓整體設計更加平衡。充滿男子氣
概的剛直線條，搭配流線型的瓶子草與
蜘蛛蘭，鮮明的對比令人印象深刻。

FLOWER
ARRANGE

10

（左）將亮黃色的翼狀瓶子草與紅管黃瓶子草縱向錯開，以突顯植株各自的特質。（中）帶著茶色斑點的疣斑蜘蛛蘭，宛若長腳蜘蛛的纖細花瓣充滿魅力。（右）與具芒碎米莎草同科的太藺，前端穗花玲瓏可愛，常用於花藝設計。

PLANTS DATA ｜ 太藺／疣斑蜘蛛蘭／黃瓶子草／翼狀瓶子草

線條流暢的纖細魅力
藍色系細筒花器的
時尚花藝

　　藉由瓶子草的形狀，設計出美麗的
細長造型。將暗紫色的火鶴葉捲起，分
別放進四個顏色不同的藍色系花器中，
並各自插上同色系的海芋、紅色系白瓶
子草，以及翼狀瓶子草。

　　為了搭配瓶子草，因此將海芋塑造
成相似的外形，只露出海芋佛焰苞的部
分，宛如鳥嘴的形狀饒富趣味。特別強
調各種花材的「部分」，反而讓花材本
身的魅力更加搶眼。

與火鶴的葉子顏色交融為一體的海芋，搭配紅色系瓶子草，讓整體更顯一致。藍色系花器則增添了
時尚風格。

PLANTS DATA ｜ 白瓶子草混合種／翼狀瓶子草／混合種海芋／火鶴（Anthurium
chamberlanianum）

以銀色＆白色妝點
建構未來時尚感的
紫瓶子草＆鸚鵡瓶子草

　　選用不鏽鋼花器，打造出盆栽風格
的時尚未來感。挑選帶根且有花萼的紫
瓶子草及鸚鵡瓶子草，根部以製作花束
常用的吸水紙包起，配合花器大小將海
綿鋪至接近盆緣，插上植株後，表面鋪
滿白砂。白砂的雪白襯托出瓶子草的鮮
紅，白與銀的配色賦予俐落感。另一個
要點是，紫瓶子草要插在稍微偏離中央
的位置上。藉由一大一小相同材質的花
器，突顯出矮種瓶子草的存在感。在視
覺平衡之處插上剪下的花萼，增添外觀
的趣味性。

就栽培而言，過大的花器其實較不容易照護植株，因此這種比例的大小，是花藝設計才會出
現的作品。左為紫瓶子草；右為鸚鵡瓶子草，相同形狀的花器，更加襯托出兩者不同的葉形
之美。

PLANTS DATA　｜　紫瓶子草／鸚鵡瓶子草

CONTAINER
ARRANGE

11

黑色哥德風復古花器
襯托出紅＆綠的葉之美

配合四種花器造型，分別栽植不同
葉形的瓶子草。葉子的造型與色彩在黑
色花器的襯托之下，有畫龍點睛之妙。
由左至右分別為：飾有立體圖騰的玻璃
杯搭配顯眼的紅色系紫瓶子草；高腳置
物小盤植入了綠色紫瓶子草；簡單俐落
的玻璃杯搭配華麗網紋的「腥紅瓶子
草」；方足壺形花器栽植著白瓶子草的

幼苗。根部不需以水苔包裹，使用鹿沼土、泥炭土及珍珠石混合而成的介質栽植即可，植株四周再以活水苔與富士砂點綴。由於所有的花器都沒有排水孔，因此須將介質過篩，加強排水透氣性，且要勤於澆水，使水位保持在花器1/5的位置。

PLANTS DATA　　紫瓶子草混合種／紫瓶子草／交配種「腥紅瓶子草」／白瓶子草混合種

顯眼的橘、紅、黑色交織
利用配色聚焦白瓶子草
打造時尚的流線造型

　　橘、紅、黑的大膽配色，交織出時
尚感十足的美麗花藝。鐵製的黑色花器
中，插上長度一致的白瓶子草及橘色海
芋，瓶口處再飾以暗紅色的珊瑚鐘葉。
將海芋的橘色作為重點色，襯托出白瓶
子草細緻的白底紅紋，顯現貴氣華麗氛
圍。此外，將形狀特別的枯枝倒插於瓶
中，構成向下斜切的線條，俐落的外形
與動感令人印象深刻。黑色的素雅花器
突顯了鮮豔的花朵與葉子，展現對比強
烈的時尚風格。

PLANTS DATA ｜ 白瓶子草／海芋／珊
瑚鐘

以雅緻豔麗的
萬代蘭＆洋桔梗
妝點色彩繽紛的秋天

接近黑色的暗紫色寬口花瓶中，
插上了華麗的白瓶子草、萬代蘭、洋桔
梗、珊瑚鐘及木莓葉。沉穩的花瓶將各
種花材凝聚在一起，展現出強勁的力與
美。選用低調的紫色萬代蘭與洋桔梗，
在較低的位置插上暗紅色的珊瑚鐘葉，
以及帶有枝梗的紅色木莓葉。深色花材
使白瓶子草的白底紅網紋更加顯眼，完
成豔麗動人的花藝作品。

FLOWER
ARRANGE

14

PLANTS DATA | 白瓶子草／木莓葉／
萬代蘭／洋桔梗／珊
瑚鐘

宛如油畫般的份量感與華麗度，作為桌飾，只要
一束存在感就十足。

SARRACENIA ARRANGE

12

懸掛式設計的香爐植栽
360度全方位享受的
瓶子草「艷姿」球

　　以鏤空香爐作為花盆，將瓶子草
懸掛起來的造型。花盆內側薄薄鋪上一
層水苔後，填入大粒鹿沼土、中粒鹿沼
土、小粒鹿沼土＋泥炭土＋珍珠石混合
而成的栽培用土。在香爐的所有鏤空處
植入瓶子草「艷姿」的幼苗約100株左
右，構成一個瓶子草小圓球。在瓶子草
的幼苗之間填入活水苔，除香爐底部
外，其他所有空隙都要填滿。

　　從上面蹦出的兩朵網紋葉相當吸
睛，更顯得整個花盆小巧玲瓏。將花盆
懸掛在裝飾吊台上，360度全方位一覽
無遺。

PLANTS DATA ｜ 瓶子草「艷姿」

SARRACENIA

將陶器作成懸掛式設計時，鐵絲的負重量較大，因此必須確認
是否有牢牢固定，並調整鐵絲使花盆垂直不傾斜。視覺上則以
緊密的種子苗展現輕盈感。

搖曳於窗邊的
瓶子草組合盆栽

選用多處鏤空的球形原創陶器，作成懸掛式的吊缽盆栽。懸掛在陽光充足的窗邊，就是令人愉悅的吊飾，更搖身變為栩栩如生的室內裝飾。

從花器伸展而出的瓶子草朝向陽光生長，散發獨特的氛圍。葉子的顏色與黑色花盆形成鮮明的對比，令人印象深刻。為了呈現葉子萌芽的氛圍，特地選用種子苗栽植。從花器的洞口填進大粒鹿沼土、中粒鹿沼土、以及用鹿沼土＋泥炭土＋珍珠石混合而成的栽培用土，栽植即將發芽的瓶子草幼苗於空洞處，並用水苔固定。沒有種植幼苗的洞口，及植株周圍以活水苔點綴。選用白瓶子草的交配種與黃瓶子草的交配種，多樣化的葉形、紋路也饒富趣味。

PLANTS DATA | 黃瓶子草混合種／白
瓶子草混合種

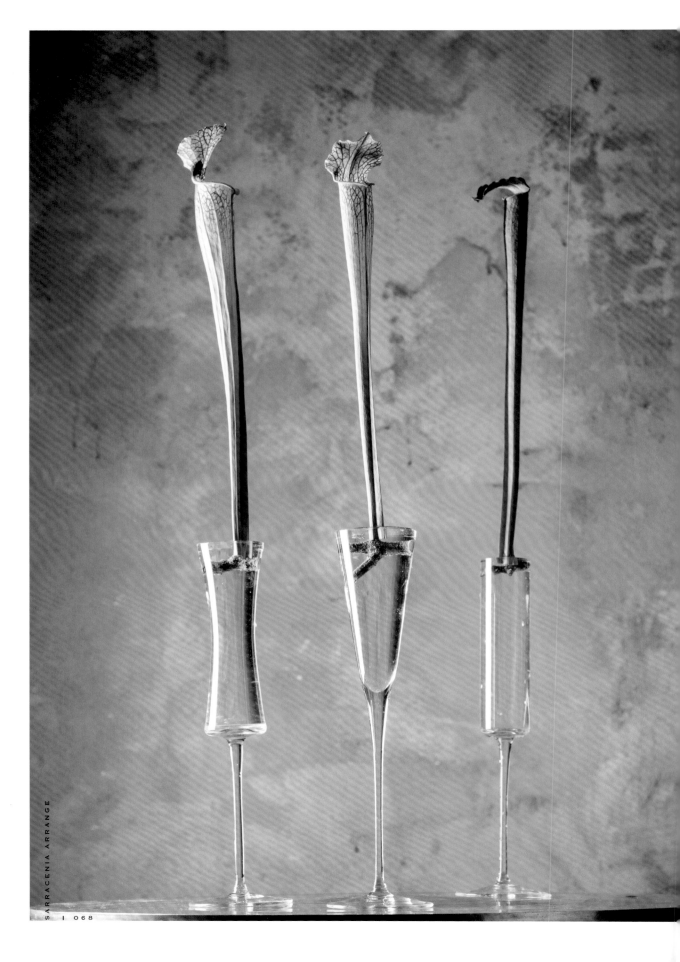

香檳酒杯內的花藝
纖長美麗的葉形
令人如痴如醉

　　造型簡單，卻充分展現瓶子草垂直
伸展俐落感的設計。在三種杯形不同的
高腳香檳杯中，分別插上風格不同的瓶
子草。

　　保持葉子下方筆挺不彎曲的要領，
是將兩枝竹籤插入瓶子草的瓶身中，作
為支撐的骨架。首先依玻璃杯的大小修
剪樹枝，將樹枝如伸縮式掛桿般卡在接
近杯口的地方，再放上瓶子草。高腳玻
璃杯與修長瓶子草的組合，構成了縱長
型線條，襯托出各自的存在感，散發出
清爽俐落，優雅高尚的氛圍。

PLANTS DATA 　黃瓶子草混合種／白
瓶子草混合種／翼狀
瓶子草混合種

SARRACENIA ARRANGE

瓶子草的乾燥花＆
樸實的古董花器
自成一格的天然風情

　　將瓶子草的葉子與花作成乾燥花，
亦可享受居家裝飾的樂趣。將乾燥過的
瓶子草葉子與花萼作為陪襯，插在古董
花器中。

　　乾枯的瓶子草瓶身稍微從銅色古
董花器中露出，中央搭配略微枯萎的葉
子，呈現花開花落之美。再插上兩枝乾
燥的花萼，優美的延伸弧線與花器之間
勾勒出平衡的視覺感受，以摩登風格呈
現瓶子草乾燥花的靜謐之美。

PLANTS DATA 黃瓶子草混合種／
翼狀瓶子草混合種
／花萼

賞玩奇形異草之美
水腺毛草＆腥紅瓶子草的
壺型陶器組合盆栽

使用壺型陶器栽植水腺毛草＆瓶子草的組合盆栽。在陶壺上方的基本用土裡，栽植五株發芽前的水腺毛草，側面的孔洞則栽種「腥紅瓶子草」。

分別在孔洞中點綴活水苔。水腺毛草的莖若是向上直立，就要使用鐵絲沿著壺口壓至根部以下（懸崖式造型），再向上彎摺使草莖立起，作出橫向的S形賦予變化。水腺毛草的纖細模樣與腥紅瓶子草的網紋，形成令人印象深刻的對比。帶有花蕾的水腺毛草，花朵綻放的模樣也令人格外期待。

CONTAINER
ARRANGE

14

PLANTS DATA │ 腥紅瓶子草／水腺毛草

破裂的西洋陶器之上
洋溢透明感的
白瓶子草生命之歌

　　選用在製造過程中破裂的西洋陶
器，作為組合盆栽的花器。彷彿感嘆世
事無常的人造物，與植物纖細卻強而有
力的生命力形成有趣的對比，宛如月光
下斑駁破碎遺跡中重生的新綠。植株高
大的白瓶子草搭配田字草、Y字形的叉
葉毛氈苔（Drosera binata），以及可
愛的蓮座狀圓葉毛氈苔，後方再種植開
卡蘆。盆土表面鋪滿活水苔，使水苔從
裂痕邊緣露出，呈現欣欣向榮的景象。
白底紅網紋的白瓶子草，讓作品整體展
現令人印象深刻的透明感。

PLANTS DATA　｜　白瓶子草／叉葉毛氈
苔／圓葉毛氈苔／田
字草／開卡蘆

SARRACENIA ARRANGE

0751

將瓶子草的葉子剪短、剪齊，放入相同形狀與大小的素燒錐形缽老件中，作為裝飾。探出頭的紅色、黃色系荷葉邊瓶子草顯得小巧玲瓏。花器中分別置同一色系的瓶子草，在裝飾櫃或桌上一字排開，就成為精緻可愛的室內擺飾了。

歲月滄桑的素燒老件 &
小巧錦簇的瓶子草
呈現雅緻動人的復古風情

　　掌心大小的迷你花藝，將瓶子草之美發揮得淋漓盡致。取瓶子草上方約十公分處剪下，以及高度相同的珊瑚鐘葉，一起放入歷經歲月洗禮的素燒老件中。

　　瓶子草與珊瑚鐘從素燒盆稍微露出，由上往下俯視時，瓶蓋形狀與珊瑚鐘的葉形有著一致的統一感，相當美麗。每個素燒盆裡的瓶子草與珊瑚鐘葉，顏色都很協調，典雅色調搭配素燒盆，呈現出陳舊的鄉村風格。三個相同造型的素燒盆一字排開，玲瓏又可愛。

FLOWER
ARRANGE
17

PLANTS DATA | 白瓶子草／翼狀瓶子草混合種／黃瓶子草混合種／珊瑚鐘

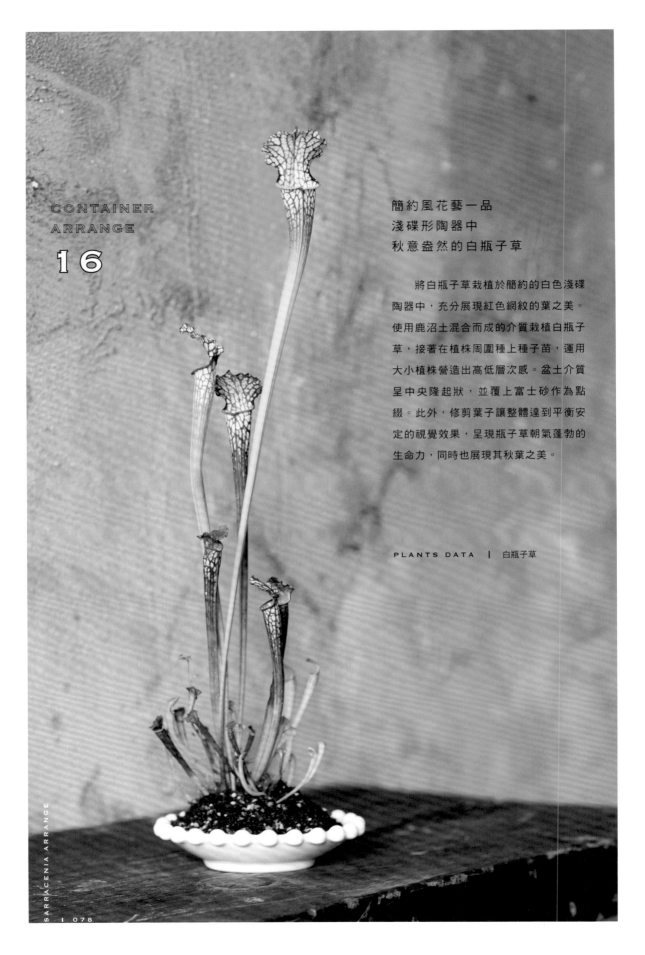

簡約風花藝一品
淺碟形陶器中
秋意盎然的白瓶子草

　　將白瓶子草栽植於簡約的白色淺碟
陶器中，充分展現紅色網紋的葉之美。
使用鹿沼土混合而成的介質栽植白瓶子
草，接著在植株周圍種上種子苗，運用
大小植株營造出高低層次感。盆土介質
呈中央隆起狀，並覆上富士砂作為點
綴。此外，修剪葉子讓整體達到平衡安
定的視覺效果，呈現瓶子草朝氣蓬勃的
生命力，同時也展現其秋葉之美。

PLANTS DATA　|　白瓶子草

纖細瀟灑的
瓶子草Ruby Joyce
挺然卓立的文人風盆栽

　　主要植株由白瓶子草的瓶身與劍
形葉構成，瀟灑纖細宛如玉樹臨風的文
人。「文人」是盆栽造景的手法之一，
特徵是只有一枝纖細修長的主幹，將
莖條數量減至最低，呈現出輕妙瀟灑之
感。挑選瓶身具有美麗漸層色與寶石紅
網紋的品種——Ruby Joyce，展現白瓶
子草的葉之美。選用圓形凹角如同蓮葉
的超薄淺盤花器，在植株旁栽種鸚鵡瓶
子草，點綴些許活水苔。淺盤花器與纖
長的瓶子草形成饒富趣味的對比，平衡
中又帶著緊張卻洗練的氛圍。

PLANTS DATA ｜ 瓶 子 草 「 R u b y
Joyce」／鸚鵡瓶子草

玻璃燭台上
蓬勃如火焰燃燒的
紅色系瓶子草

　　這是栽植於高腳玻璃燭台上的瓶子
草盆栽。乍看之下，彷彿黑色燭台燃起
了雄雄火焰，只要挑選高度適中的腥紅
瓶子草與紫瓶子草，就能作出如此震撼
的效果。

　　腥紅瓶子草氣勢雄偉的簇生葉，
以及濃密生長的紫瓶子草從花盆中滿溢
而出的大氣，黑與紅的對比賦予俐落的
時尚氣息。植株底部鋪上活水苔，除了
能防止乾燥，也能營造柔和的氛圍。擁
有極其獨特的存在感，除了擺在展示櫃
上，也是非常美麗的花藝盆栽桌飾。

PLANTS DATA ｜ 交配種「腥紅瓶子草」
　　　　　　　｜／紫瓶子草

魅力無窮的複雜造型
瓶子草＆毛氈苔的
前衛組合盆栽

　　選用香爐型陶缽栽植瓶子草與毛氈苔的組合盆栽，運用白瓶子草的種子苗與叉葉毛氈苔，作出纖細複雜的造型。

　　在鏤空的香爐內側薄薄鋪上一層水苔，如同讓葉子從鏤空處鑽出般，植入發芽前的叉葉毛氈苔。依序從盆底放入大粒、中粒、小粒鹿沼土＋泥炭土＋珍珠石等混合而成的介質，栽植瓶子草時要讓葉子排列有序。直線型瓶子草與纖細的Y字型叉葉毛氈苔的組合堪稱絕妙，從側面欣賞，向外伸展的叉葉毛氈苔與瓶子草所產生的高低差，構成複雜的立體造型。

CONTAINER
ARRANGE

19

PLANTS DATA | 白瓶子草混合種／叉葉毛氈苔
（Drosera binata）

叉葉毛氈苔沿圓缽栽植一圈，以360度包圍花器的方式突顯出份量感，顛覆以往給人的纖弱印象。瓶子草的植株周圍則栽植活水苔。

由左至右分別為，白瓶子草混合種與圓葉毛氈苔、翼狀瓶子草混合種，以及黃瓶子草與斑紋木賊的小盆景，每個陶器皆為手掌大小，可放置於任何地方作為擺飾，各種組合變化都令人賞心悅目。

千奇百怪的變形陶器
配合瓶子草的視覺加乘
展現個性化的收藏

　　運用各種獨創陶器，展現多元風情的盆景設計。本身就如同藝術品的橢圓形、水滴形以及蛋形陶器，從表面的洞孔一點一點填入培養土，接著在洞中植入瓶子草。在黑色的橢圓形陶器的其中一個孔洞，栽植白瓶子草混合種，並在植株底部點綴活水苔。部分孔洞栽植圓葉毛氈苔，再鋪上富士砂。素雅的深綠色水滴形陶器內，植入中等高度的瓶子草植株，再以填充水苔固定。垂直伸展的異色瓶子草葉，令人印象深刻。蛋形陶器內則是栽植紅管黃瓶子草與斑紋木賊。

PLANTS DATA

白瓶子草混合種／翼狀瓶子草混合種／黃瓶子草／圓葉毛氈苔／斑紋木賊

21

復古風馬口鐵罐 &
紅管黃瓶子草的組合
有機與無機的深褐風情

　　以溫暖手作感的復古風馬口鐵罐作
為花盆，植入紅管黃瓶子草（紅管變種
rubricorpora）的造型盆栽。馬口鐵的
鐵鏽色搭配洋溢深秋風情的暗紅色瓶狀
葉，明明是生機勃勃的葉子，卻也醞釀
出饒富趣味的深褐色風情。

　　生鏽的花盆會影響植物生長，因此
在栽種之前，不妨在花盆內側鋪上一層
塑膠布。為便於調整瓶子草瓶身與劍形
葉的角度，栽植時可依據情況稍微種得
深一些，以達整體平衡。不要讓根部直
接接觸金屬，這部分需作好保護，在植
株底部點綴活水苔，可防止介質過於乾
燥。

PLANTS DATA ｜ 黃瓶子草

妝點花園的個性美
三種英姿挺秀的
瓶子草大型盆栽

　　適合擺放在露天花園的瓶子草大型
盆栽。分別在黑色、茶色深型素燒盆，
及壺型陶盆中栽植外形不同的交配種瓶
子草。

　　左前方的黑色素燒盆，栽植著紅
瓶子草混合種與好望角毛氈苔；後方的
茶色素燒盆，栽植著白瓶子草混合種；
右前方的陶盆則栽植著腥紅瓶子草。大
型植株的瓶子草葉形特徵明顯，給人深
刻強勁的印象，即使放在植物眾多的花
園裡，依然能夠脫穎而出，吸引眾人目
光。須留意水分的供給，維護植株健
康，以供觀賞。

PLANTS DATA

紅瓶子草混合種／白
瓶子草混合種／腥紅
瓶子草／好望角毛氈
苔

SARRACENIA ARRANGE

23

適合擺放在大門近處的山野草組合盆栽。將白瓶子草與紅茅萱混搭種植，並在植株底部點綴活水苔，生長一段時間之後，瓶子草與山野草便能自然融合，相得益彰。

感受秋意翩然而至
洋溢豔紅風情的
瓶子草盆栽

　　種植紫瓶子草的白色陶缽，搭配P.20～21的立體盆栽，就成為門口玄關處最富秋意的美麗擺飾。在春天肆意生長的白瓶子草，到了秋天，形成鮮明紅綠漸層的葉子變得更加美麗吸睛，令人印象深刻。欣賞瓶子草隨著季節幻化成不同色彩的風貌吧！將植株低矮有份量的紫瓶子草擺在凳子等高台上，營造出高低層次感，使整體更具魅力。

　　日常照護時，記得將瓶子草擺在日照充足的地方，這樣才能讓瓶子草染成絢麗的秋葉紅。

SARRACENIA
COLUMN
01

瓶 子 草 的 故 鄉

　　瓶子草究竟分布在哪些地區呢？瞭解並掌握瓶子草的生長環境，會更加利於栽培或花藝設計上的管理照顧。

　　瓶子草的原產地分布範圍廣泛，主要在北美洲地區，從加拿大東南部到美國東海岸、喬治亞州、佛羅里達州、阿拉巴馬州、密西西比州、德克薩斯州及南部地區皆有。生長氣候與日本相近，四季溫暖潮濕。分布範圍依品種而異，山地瓶子草的分布範圍最狹窄，主要生長於阿拉巴馬州、喬治亞州及北卡羅萊納州。相對分布範圍最廣的則是紫瓶子草，原生地從羅德島州、紐澤西州、馬里蘭州、德拉瓦州、維吉尼亞州、北卡羅萊納州、南卡羅來納州、喬治亞州及東海岸沿岸地區皆有。

　　生長於松樹、山毛櫸群聚的雜木林裡，零星分布的寬闊濕原中。或與蘆葦、禾本科等單子葉植物以及矮樹混生於平坦的濕地中，從地下水獲取水分，植株群生。土壤呈弱酸性，缺乏養分，混雜著砂粒的灰褐色，腳踩下去會滲出水來的濕度剛剛好。瓶子草是生態演進的先驅植物之一，不與其他植物競爭，

上）群生於草原濕地的黃瓶子草。下）與枯草共生的紫瓶子草。（相片提供：近藤鋼司）

即使在沒有養分的酸性土壤也能存活。在原生地之一的北卡羅萊納州，以大西洋海岸的威明頓市為中心的地區，可以看見與瓶子草一同生長的捕蠅草、毛氈苔及捕蟲菫等各種食蟲植物。

　　有時也能在同一地區窺見不同品種的瓶子草一起生長，成為原生種與雜交種混生的情況。有些地方生長著遍布於整個濕原的群生瓶子草，根據曾經親眼見識過的人說：「從五十公尺遠的地方就能看見瓶子草的瓶身，一望無際的瓶子草真是壯觀！」

　　隨著環境的變化與盜採，野生瓶子草的數量有逐年減少的趨勢，原生地的面積也日益縮小。山地瓶子草、紅瓶子草的亞種——阿拉巴馬州瓶子草、瓊斯瓶子草等品種有可能會滅絕，因此多數原生地已圍起柵欄，視為自然保護區並禁止一般人進入。有的原生地會定期焚燒雜草，以確保瓶子草的成長環境不被其他植物占有。

PART 2
ARRANGE
LESSON
花藝設計要領

花 藝 設 計 基 礎

本單元為使用瓶子草作為切花的基礎花藝設計教學。
根據以下說明來學習各種步驟＆技巧吧！

準 備 材 料

花材

①龍血樹葉
②雪球花
③洋桔梗
④繡球花
⑤大吳風草
⑥石斑木
⑦混合各品種的瓶子草
⑧海芋
⑨紅瑞木

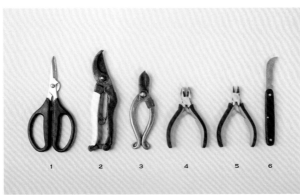

用具類

①花剪
②園藝用剪刀
③花藝用剪刀
④鉗子
⑤尖嘴鉗
⑥花藝用小彎刀

花器
玻璃製的黑色圓形花器。顏
色雅緻內斂，渾圓外形顯得
十分可愛。

插花海綿
供給切花所需的水分，可依
需要的尺寸切成大小塊，放
入花器浸在水中，作為插花
的基底。

PROCESS

01

使用小彎刀將瓶子草的葉子修剪為插花所需要的長度。

02

直接插瓶時，如圖削切使斷面呈斜尖狀，可讓花材易於插瓶，也更容易吸收水分。

03

為了讓瓶子草葉更方便作業，將長度適中的紅瑞木從瓶子草底部插進空洞中，作為支撐。

04

調整紅瑞木的長度，以花藝用剪刀將瓶子草底部連同紅瑞木一起剪齊。

05

加入枝條作為骨架，較容易插在海綿上固定。保留完整切面，讓水分更容易被吸收。

06

瓶子草的幼苗亦可應用於花藝設計。挑選葉形完整的植株，從底部切下就可以直接插瓶了。

07

海綿依花器大小與形狀裁切成適當的尺寸，浸水後填入花器中。

08

使用澆水壺在花器中倒進大量清水，以保持瓶插花朵、葉子的新鮮度。

09

完成整體的設計構思後,先將作為主花的瓶子草確實地插在海綿上。

10

作出高低層次感,讓葉子的顏色與多樣化的紋路可以充分展現,以垂直插法活用瓶子草的直線造型。

11

在左側插上龍血樹的葉片,插瓶前依實際狀況修整葉片高度。藉由龍血樹葉的高度與俐落感,強調整體的縱向線條。

12

在瓶子草的左前方插上外形相似的海芋,高低有別營造出立體感。

13

調整繡球花的份量後,剪成利於插瓶的短莖。

14

在海芋下方插上繡球花,藉此遮住海芋花莖,繡球花朝前方展露。

15

完成由內往外呈S形排列的瓶子草、海芋及繡球花之後,斜斜插上大吳風草。

16

在繡球花右側插上洋桔梗,右後方斜插帶有黑色果實的石斑木。

17

在左後方斜插上雪球花,從正面看去時,位置要高於繡球花與洋桔梗。以小花點綴散發柔和氛圍。

整體構造呈三角形，為了搭配
主花大多選用深色花材，讓視
覺具有統一感。瓶子草與龍血
樹的俐落造型，再加上底部繡
球花與洋桔梗的華麗感，讓作
品散發古典雅緻的氛圍。

組 合 盆 栽 基 礎

將形狀不同的瓶子草幼苗拼湊在一起,完成具有立體感的組合盆栽吧!
除了外觀的維護之外,如何讓植株強健生長的栽培技巧也很重要。

準 備 材 料

紫瓶子草。擁有粗壯的大型瓶身,深紅色的瓶蓋呈現荷葉邊的波浪狀。

活水苔是活的水苔,切去美麗的綠色部分後,鋪於介質表面。

高溫燒製的花盆。透氣性佳,厚重樸實,呈現溫潤的自然手作感。

白色系白瓶子草混合種。植株高,瓶身上方為白底的網紋狀。

紅色系白瓶子草混合種。植株高,瓶身上方為紅底的網紋狀。

用具類

①棕櫚掃帚　②竹製理根器三款　③竹筷
④園藝剪刀　⑤鑷子大・小　⑥花土鏟大・小

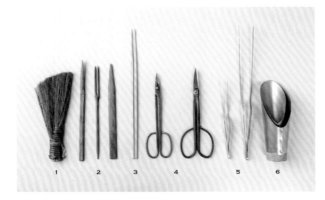

1　2　3　4　5　6

　　棕櫚掃帚用來抹平表土或清掃土壤。三款竹製理根器則是依根部狀況,選用不同款式來刮鬆舊土、整理根部。栽植後根部間的縫隙,可用竹筷來填補培養土。園藝剪刀是用來修剪植物葉子或細芽。鑷子運用在鋪水苔或栽植小幼苗等細致作業時。不鏽鋼製的花土鏟不易沾黏土壤,無論用於鏟土或混合介質都相當方便。

BASIC
WORK

02

PROCESS

01

裁剪一片大於排水孔的圓形盆栽底網，鋪在盆底的排水孔上防止漏土。

02

以花土鏟填入大粒鹿沼土，作為盆底石。

03

鋪滿直到蓋住整個盆底。

04

接著填入中粒鹿沼土。由底部往上階段性的分別填入大粒、中粒鹿沼土，能獲得更佳的排水效果。

05

配合幼苗的植株大小，將鹿沼土填至約花盆高度的1/3處。

06

以小粒鹿沼土10、泥炭土2、珍珠石1的比例混合三種介質，作成基本的栽培用土。由於各介質加入的比例不同，必須仔細混合均勻。

07

將幼苗從育苗軟盆中取出，小心不要傷到根部。

08

以理根器或竹筷將糾結的根系分開，一邊清除多餘老化的根，一邊以裝在水桶或盆子裡的清水沖去舊土。

09

將根部周圍的舊土沖洗至露出乾淨的鱗莖，再以新土栽植。

BASIC
WORK
02

10

如圖示將幼苗的根部從中央分開,填入吸飽水的水苔,防止根部乾燥。

11

考量花盆與植栽的整體平衡感,決定位置後以步驟6的混合用土栽植。先將大株的紫瓶子草調整到適當角度,固定於前方,以鏟子稍微填入一些混合土固定植株。

12

在紫瓶子草的後方栽種植株高挑的白瓶子草幼苗。

13

沿著花盆邊緣倒入大量混合土,填滿植株周圍的縫隙。

14

填滿混合土之後,將竹筷深深地插入土中,讓栽培用土深入填滿根與根之間的縫隙。

15

在植株底部鋪上份量適中、修剪過的活水苔(活水苔會隨時間變長,可依個人喜好適時修剪)。

16

在盆土表面均勻鋪滿步驟6過篩後的細小顆粒,代替化妝砂。

17

將花盆浸入一個盛水的大盆裡,讓盆緣一公分以下的部分全都浸在水裡,由盆底充分吸飽水。

18

最後,以噴霧器在所有葉片上噴水,沖走灰塵保持葉面清潔,同時從葉片補充植株所需水分。

使用植株高度不同的瓶子草搭
配出立體感。前方的紫瓶子草
以恰到好處的角度展現出華麗
感。後方植株高大的白瓶子
草，以兩種顏色穿插出賞心悅
目的變化。

毛氈苔

田字草

SARRACENIA COLUMN 02

瓶 子 草 組 合 盆 栽 裡 的 混 植 植 物

　　為了保存與蒐集瓶子草的種子，栽
培時大多是一個花盆種植一個品種。但
若是為了園藝觀賞用，組合盆栽其實會
是很不錯的選擇。製作組合盆栽最基本
的條件為，搭配植物的生長環境必須與
瓶子草相同。瓶子草性喜陽光，生長於
弱酸性土壤，並且需要充足的水分。因
此可挑選同樣能栽植於弱酸性土壤，而
且喜歡日照與溼地的植物一起栽植。

　　只要符合這個基本條件，任何植
物一起栽植都沒有太大的問題。其中又
以濕生植物最為適合，除了生長條件一
致，柔軟複雜的草本外形更是與直線型
的瓶子草相應成趣，亦增添些許柔和氛
圍。

　　例如，外形與幸運草（三葉草）相
似的田字草，別名「水生三葉草」，屬
蕨類植物，生長於水中及濕地，栽植於
瓶子草植株底部周圍，就可以營造可愛
氛圍。

　　開卡蘆纖細的模樣也十分適合搭配
瓶子草，由於植株高矱，可栽植於瓶子
草後方或兩旁以增添份量。相似的植物
還有葉面有著美麗白色斑紋的鷸草，以

梭魚草

開卡蘆

莎草

紙莎草

及葉子末梢呈美麗紅色的紅茅萱，都可以相同的方式混植。依瓶子草的顏色搭配栽植，會讓整體更顯和諧之美。

具芒碎米莎草（莎草）與同種類的植物，會由根莖生長出外形獨特如蓮蓬花灑般的細小葉子，與瓶子草共同栽植會形成鮮明的對比，成為更加個性化的組合盆栽。若是與紙莎草或日本紙莎草（Cyperus isocladus）等品種一起栽植，則是會呈現不過於甜美的陽剛組合。

花期較短的瓶子草，與開著淡紫色花朵、花期較長的梭魚草一同種植，就是惹人憐愛的組合盆栽。

此外，也很推薦將瓶子草與其他食蟲植物一起栽種。例如，生長環境相近的捕蠅草、毛氈苔及狸藻，這些食蟲植物在原產地就已經與瓶子草混生，因此組合成一盆的維護管理並不困難，獨特的外形也讓組合盆栽更具獨創性。

紅茅萱

鷸草

PART 3
SARRACENIA
CATALOG
瓶子草圖鑑

原　生　種

原生種有翼狀瓶子草、黃瓶子草、白瓶子草、小瓶子草、山地瓶子草、鸚鵡瓶子草、紫瓶子草及紅瓶子草共八種。每一種又有各自的亞種與變種，依品種不同，外形或紋路也隨之變化多端，魅力無窮。

alata

S. *alata* "Black Tube"

S. *alata* "Vernon Parish"

Sarracenia alata
翼狀瓶子草

瓶身平滑少波紋
外形英姿挺秀
充滿魅力的品種

在瓶子草當中屬中型種，捕蟲瓶垂直
挺立，瓶身上葉脈紋路平滑，特徵是
瓶蓋較小。外形與紅瓶子草相似，但
網紋較少。分布於北美洲的德克薩斯
州、路易斯安那州、密西西比州及阿拉
巴馬州。一般所知的變種有：原變種
（alata）、全紅變種（atrorubra）、
銅帽變種（cuprea）、黑紫
變種（nigropurpurea）、華
麗變種（ornata）及紅喉變種
（rubrioperculata）。變種名稱多源自
特徵，例如葉子呈黑紫色的「黑紫翼狀
變種」，以及整個捕蟲瓶呈黑色的「黑
管翼狀瓶子草（black tube）」等變種
與選拔品種。初春開花，花色呈亮黃色
或淺奶油色，日本一般通稱為「Usugi
瓶子草」。

S. *alata* "Very Dark Red Pitchers"

S. *alata* var. *nigropurpurea*

flava

S.*flava* var.*rubricorpora* "burgundy"

S. *flava* "Green Swamp"

Sarracenia flava

黃瓶子草

瓶蓋基部纖細呈波浪狀
植株高大挺然
華麗風采惹人矚目

植株可高達一公尺以上的大型種。捕
蟲瓶垂直挺立,有大片瓶蓋,瓶蓋基
部(喉)纖細呈波浪狀。分布於阿拉
巴馬州、佛羅里達州、喬治亞州、北卡
羅萊納州、南卡羅來納州及維吉尼亞
州,變種包括:原變種(flava)、暗
紫變種(atropurpurea)、銅帽變種
(cuprea)、大型變種(maxima)、
華麗變種(ornata)、紅管變種
(rubricorpora)及拉吉爾變種
(rugelii)。「紅管黃瓶子草」的瓶身
呈紅色,瓶蓋卻是帶有紅色網紋的黃
色;「暗紫黃瓶子草」則是整體呈深紅
色;拉吉爾變種的瓶蓋喉部內側帶有鮮
明的紅色斑塊。因春季會開出黃色花
朵,日本一般通稱為「黃花瓶子草」。

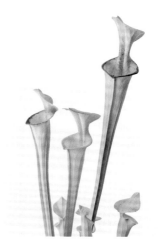

S. *flava* var. *maxima* "Shand's Bog"

S. *flava* var. *atropurpurea*

S. *leucophylla* 'Schnell's Ghost'

白瓶子草

S. *leucophylla* 'Red tube'

S. *leucophylla*

紅綠交織宛如蕾絲
形象正如其通稱之名
—— 網目瓶子草

日本稱之為網目瓶子草，瓶身上方至瓶
蓋為白色，帶有綠或紅色的網紋，有些
品種的瓶蓋邊緣會呈美麗的波浪狀。部
分植株可高達一公尺以上的大型種。觀
賞價值高的白色變種Schnell's Ghost，
由於網紋因變異緣故幾乎沒有紅色色
素，潔淨的白色格外顯眼。還有葉子長
滿絨毛的絨毛變種Pubescent，以及網
紋如紅寶石色的Ruby joyce等選拔品
種，無論品種到了秋季都會化身為優美
的紅葉。基本花色為紅色，黃花及重瓣
花朵則較為稀有。分布於密西西比州、
阿拉巴馬州、佛羅里達州及喬治亞州。

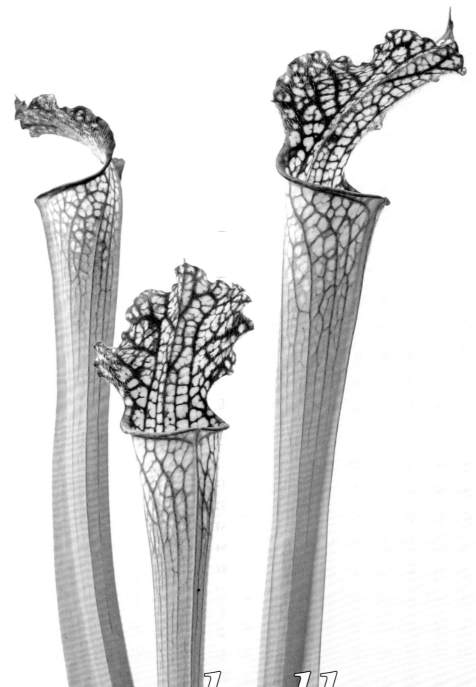

leucophylla

S. *leucophylla*   'Pubescent'

S. *minor*

S. *minor* var. *okefenokeensis* "brown headed pitcher"

S. *minor* var. *okefenokeensis* "Giant"

Sarracenia minor

小瓶子草

瓶內網紋美不勝收
瓶蓋弧度圓潤宛如手杖
小巧造型甚是可愛

瓶身與瓶蓋相連，如手杖般彎曲的瓶
蓋彷彿包覆著瓶口，是一款外形極富
特色的瓶子草。植株屬中型種，也有
部分稀有個體被歸為大型種。特徵是捕
蟲瓶上方帶有白色斑點，內側布滿紅
色網紋，亦有部分品種的瓶蓋為紅色。
花莖與其他品種相較之下來得短，到了
春季會開亮黃色的花朵。分布於佛羅里
達州、喬治亞州、北卡羅萊納州及南
卡羅來納州，變種有奧克弗諾基變種
（okefenokeensis）。

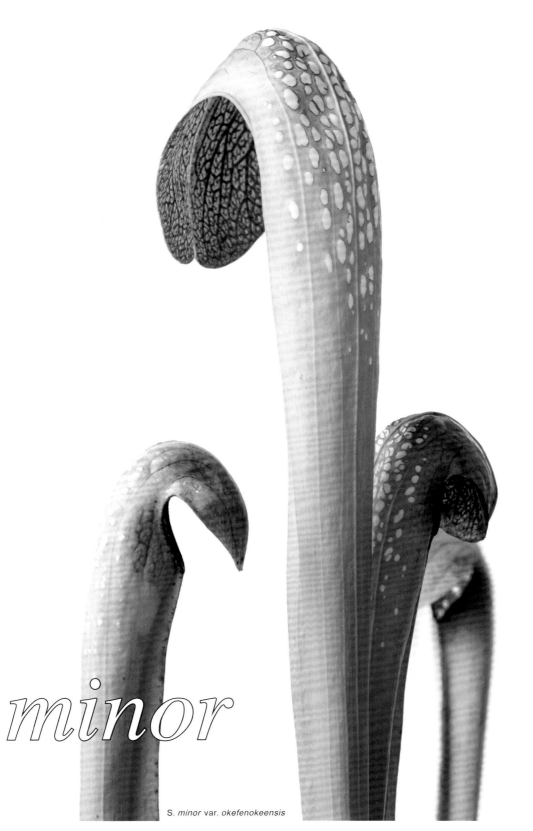

minor

S. *minor* var. *okefenokeensis*

S. *oreophila* "Giant"

oreophila

S. *oreophila*

S. *oreophila* "heavy veined"

Sarracenia oreophila

山地瓶子草

稀有罕見的原生種
搖曳般的傾斜姿態
展現簡潔之美

由於外形與黃瓶子草相似，曾被歸類為黃瓶子草的變種。相較於黃瓶子草，特徵為瓶蓋較寬且前端的突起較
短，夏季長出的劍形葉也較短，並且沿著地面彎曲生長。瓶蓋喉部的波浪狀也不像黃瓶子草那麼明顯。數量
非常稀少接近瀕危的品種，被華盛頓公約《瀕臨絕種野生動植物國際貿易公約》附錄一列為管制保護物種。
分布於阿拉巴馬州、喬治亞州及北卡羅萊納州的山岳地帶，由於是原生的高山種，因此夏季怕熱不利栽培。
變種有原變種（oreophila）和華麗變種（ornata），也有像heavy veined般網紋密布的品種。花朵為黃綠
色。

鸚鵡瓶子草

不可思議的球狀彎鉤葉形
層層疊疊的放射狀構成美麗蓮座

主要為小型種，因此在日本又稱「姬瓶子草」。葉子沿著地面生長，前端圓圓鼓起呈空心球狀，上方有小小的入口。外觀形似鸚鵡頭部，因此種加詞「psittacina」即為鸚鵡之意。捕蟲瓶內側布滿倒生毛，基本上都帶有紅色網紋，但也有不帶紅色素的品種。花色主要為紅色，也有罕見的黃色、橘色及粉紅色。分布於喬治亞州、佛羅里達州、阿拉巴馬州、密西西比州及路易斯安那州，喜水，生長於浸在水裡的濕地中。變種有原變種（psittacina）、小型變種（minor）及奧克弗諾基變種（okefenokeensis）。

psittacina

S. *psittacina*

S. *psittacina* "Gulf Giant"

S. *psittacina* "Jolly Green"

S. *purpurea* subsp. *purpurea* f. *heterophylla*

purpurea

S. *purpurea* subsp. *venosa* var. *burkei*

S. *purpurea* subsp. *purpurea*

Sarracenia purpurea

紫瓶子草

渾圓的胖胖捕蟲瓶身
既顯獨特又可愛

瓶身呈粗圓筒形,瓶口大大張開為特徵的小型種。豎起的瓶蓋上分布著美麗網紋,且左右兩邊往內側捲起。瓶蓋內側布滿絨毛。基本種為紫紅色,因此名為「紫瓶子草」。亞種包含:紫色紫瓶子草(purepurea)、網紋紫瓶子草(venosa),亞種的網紋紫瓶子草又包含山地變種(montana)、伯克變種(burkii,1999獨立為薔薇瓶子草種),其中也有不帶紅色素的品種。分布於紐澤西州、馬里蘭州、德拉瓦州、維吉尼亞州、北卡羅萊納州、南卡羅來納州及喬治亞州。花色有深紅及黃色。

Sarracenia rubura

紅瓶子草

小巧卻俐落
宛如銳利小刀的鮮豔身形

植株高約20至30公分的小型種，瓶身垂直挺立，細長筆直。亞種包含：紅色紅瓶子草（rubra）、阿拉巴馬州瓶子草（alabamensis）、惠里紅瓶子草（wherryi）、海灣紅瓶子草（gulfensis）及瓊斯瓶子草（jonesii）。其中阿拉巴馬州瓶子草與瓊斯瓶子草被瀕臨絕種野生動植物國際貿易公約附錄一列為保護物種。有的亞種瓶蓋細長，呈波浪形。基本特徵是葉數多，並且布有紅色網紋。分布於阿拉巴馬州、密西西比州、路易斯安那州、德克薩斯州、佛羅里達州、北卡羅萊納州、南卡羅來納州及喬治亞州。花朵散發甜美芳香，花色從亮紅色至深紅色都有，亦有橘色及黃色。

S. _rubra_ subsp. _alabamensis_

S. _rubra_ subsp. _wherryi_ "Giant"

S. _rubra_ subsp. _rubra_

rubura

交　配　種

將不同品種的瓶子草進行人工授粉
交配出前所未有的美麗新品種

瓶子草的原生種有八種，依品種不同，葉形、網紋各有其特徵。由於不同種之間的交配較為容易，又能交配出優秀的園藝品種，因此從過去至今，有不少園藝家利用人工授粉的技術改造出各式品種。除了一元交配種外，常見的還有二元、三元及四元交配種等，市面上也流通著這些美麗的選拔品種。此外，也存在著許多共生品種的自然雜交種。本單元將介紹瓶子草多樣化的交配種。

※一元交配即純種，二元交配為不同品種的雜交、三元交配為另一純種和二元雜交的交配種（三品種混種），四元交配則是兩個二元雜交種的交配種（四品種混種）。

S.*alata* "Red Throat" × *leucophylla*
瓶蓋喉部呈紅色的翼狀瓶子草Red Throat＆白瓶子草的交配種。

S.*alata* × *areolata*
翼狀瓶子草＆白瓶子草的自然交配種areolata。

S.*alata* "Red Throat" × *minor* "Giant"
紅喉翼狀瓶子草＆大型種小瓶子草的交配種。瓶蓋具有小瓶子草的特徵。

S.*alata* × *purpurea*

翼狀瓶子草＆紫瓶子草的交配種。

S.*alata* "RedThroat" × [*flava*×*oreophila*]

黃瓶子草＆山地瓶子草的交配種，再與翼狀
瓶子草交配出的三元交配種。

S. "Hakua"

翼狀瓶子草的交配種「白亞」。特徵為瓶身
上方呈白色。

S. × *moorei*

黃瓶子草＆白瓶子草的交配種moorei，遺傳
到雙親美麗特徵的大型種。

S.*flava* var.*rugelii* × *leucophylla*

黃瓶子草的變種rugelii＆白瓶子草的交配
種。

S.*flava* x *popei* "Red"

黃瓶子草＆紅色混種popei（黃瓶子草＆紅
瓶子草的交配種）的交配種。

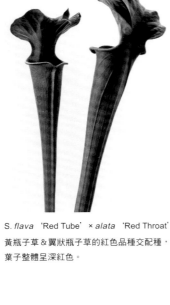

S. *flava* 'Red Tube' × *alata* 'Red Throat'

黃瓶子草&翼狀瓶子草的紅色品種交配種，葉子整體呈深紅色。

S. "Misaki no hi"

黃瓶子草系的交配種「岬の灯」，特徵為瓶身上方呈白色。

S. [*moorei*× *leucophylla*] × *leucophylla*

moorei（黃瓶子草&白瓶子草的交配種）與白瓶子草混種之後，再與白瓶子草交配出的交配種。

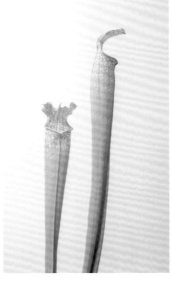

S. *leucophylla* "Schnell's Ghost" × *purpurea* subsp. *venosa* var. *burkei*

瓶身白色顯眼的Schnell's Ghost&紫瓶子草變種burkei的交配種。

S. *leucophylla* "Green" × *rubra* subsp. *gulfensis* "Green"

白瓶子草&紅瓶子草雙方皆不帶紅色素的交配種。

S. *leucophylla* "Pubescens" × *alata* "Pubescens"

白瓶子草&翼狀瓶子草雙方皆有絨毛特徵的交配種。

S. × *excellens*

白瓶子草＆小瓶子草的交配種excellens。

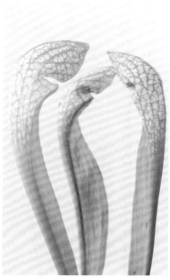

S. *leucophylla* "Green" × *psittacina* "Green"

白瓶子草＆鸚鵡瓶子草雙方皆不帶紅色素的交配種。

S. × *willisii*

紫瓶子草的交配種willisii。

S.*leucophylla* × *stevensii* "Large Clone"

白瓶子草＆大型植株雜交種stevensii的交配種。

S.*leucophylla* × *stevensii*

白瓶子草＆雜交種stevensii的交配種，瓶身呈現美麗的漸層。

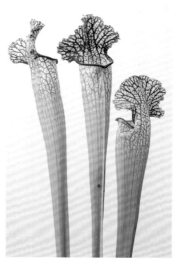

S.*leucophylla* × "God's Gift"

白瓶子草＆雜交種God's Gift（Mitchelliana×leucophylla）的交配種。

S.*leucophylla* var. *alba* × [*mitchelliana* × *leucophylla* "White Top"]

白瓶子草的變種alba＆瓶身上方白色的交配種，再次交配而成的品種，特徵為白色。

S.*leucophylla* × 'Ladies In Waiting'

白瓶子草＆雜交種Ladies in Waiting的交配種。

S.[*leucophylla* × *courtii*] × *leucophylla* 'Ruby Joice'

有紫瓶子草的特徵，瓶蓋帶有鮮明美麗的紅色網紋。

S.× *formosa*

小瓶子草＆鸚鵡瓶子草的交配種formosa，介於兩個品種之間的外形相當獨特。

S.*minor* × 'Judy'

小瓶子草＆雜交種Judy的交配種，小瓶子草的特徵尤為明顯。

S.*oreophila* × *alata* 'Red Throat'

山地瓶子草＆紅喉翼狀瓶子草的交配種，瓶蓋傳承山地瓶子草的基因顯得較大。

S. *oreophila* × *psittacina*

山地瓶子草＆鸚鵡瓶子草的交配種，瓶蓋整
個彎下彷彿蓋住瓶口，植株傾斜而立。

S. *psittacina* × 'Issei'

鸚鵡瓶子草＆Issei的交配種。Issei為〔鸚
鵡瓶子草×艷姿〕×艷姿的交配種。

S. *psittacina* × 'Hummer's Hammer Head'

鸚鵡瓶子草＆變種阿拉巴馬州瓶子草雜交種
Hummer's Hammerhead的交配種。

S. x *umlauftiana*

擁有美麗外形與紋路的著名交配種
umlauftiana。

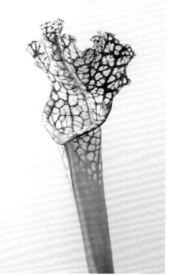

S. 'Adesugata'

紋路相當美麗，是日本知名的一正園（食蟲
植物育苗園）培育出的交配種「艷姿」。不
知火×白瓶子草。

S. 'Dino Almacolle'

紅瓶子草的亞種瓊斯瓶子草與小瓶子草的變
種奧克弗諾基的交配種。

饒 富 趣 味 的 原 創 交 配

　　由於瓶子草品種之間的交配容易，因此至今培育出許多交配種。形態依品種不同而有所差異，葉色及網紋皆有豐富多樣的變化。交配種傳承了雙親的兩種特徵，形態大多介於兩者之間，呈現出嶄新的外形。此外，交配種的益處在於，植株多半較為強健，易於栽培。

　　人工授粉的交配方法，是在花朵盛開的春季清早，在母本的花粉飛散前，先將雄蕊除去，避免自花授粉。此外，為了避免異花授粉（雜交），可將整朵花以套袋包住。

　　雌蕊成熟後，即可收集父本的花粉準備交配。收集花粉時，可使用小湯匙或毛筆尖端，沾取盤狀柱頭上的花粉，亦可用尖嘴吸管汲取花粉。收集好花粉之後，取下母本的套袋，將花粉刷在雌蕊的整個柱頭上。授粉完畢後，再次以套袋包住母本。授粉成功的植株，其子房會日漸膨脹，到了秋季種子就會成熟，請在外殼裂開、種子飛散前摘下種子。

　　除了純種之間的交配，還可以進行交配種之間的交配，培育出原創品種也是瓶子草育種的樂趣之一。育種時最好能掌握各個品種的特徵，並且設定明確的目標來進行，例如：「希望瓶蓋再大一些」、或「希望帶有網紋」等等。不過，大多時候都是事與願違，培育出的模樣常常與期望不符，育種的難度也正是其饒富趣味之處。交配育種本身是一種無中生有的創造行為，原創交配種的培育，亦是個人構思的具體呈現。觀賞交配種時去推敲育種家的目標與意圖，則像是閱讀推理小說般充滿樂趣。

　　瓶子草的交配種多屬優良品種，日本國內又以一正園——食蟲植物的育苗場——培育出的交配種最為知名。例如「艷姿」，就是歷經複雜程序交配出的品種，從瓶口形狀、網目紋路、到綠＆白＆紅三種顏色的絕妙呈現，在食蟲愛好者之間備受青睞。

　　由八種原生種可以衍生出無限多的交配種。不妨也試著培育出屬於你自己的原創品種吧！

花莖高高豎立，朝下綻放的瓶子草花朵。將小湯匙或毛筆伸入
花朵中央的平盤狀花柱，沾取花粉以便進行人工授粉。

PART 4
CALTIVATION
METHOD

栽培要領

LESSON

○1

介 質 種 類

瓶子草喜歡排水性及保水性兼具的酸性介質。
不妨熟記適合瓶子草的介質種類＆栽培用土混合比例吧！

　　由於栽培瓶子草時常以盆底吸水法（亦稱腰水）保濕，因此宜選用利於根部生長，且排水性及保水性兼具的柔軟介質。一般使用各種介質混合而成的栽培用土，本書主要使用鹿沼土、泥炭土、珍珠石及水苔。使用的介質比例為小粒鹿沼土10、泥炭土2、珍珠石1混合而成。首先在花盆底部依序往上放入大粒及中粒鹿沼土，在瓶子草根部空隙之間塞入水苔後，再以混合好的栽培用土栽植。

　　鹿沼土原產於栃木縣鹿沼地區一帶，是火山砂風化而成的介質，特徵為多孔隙，為保水及排水性均佳的園藝栽培介質。一般市面上販售的鹿沼土分為兩種形式，一種是分別依大粒、中粒、小粒分裝成袋的包裝，另一種是不分大小的混合包裝（大小沒有統一）。混合出貨的包裝較便宜，不過使用前必須過篩，使顆粒大小保持一致。水苔則有活水苔與乾燥水苔兩種；乾燥水苔使用前須在水中浸泡一晚，充分吸水恢復後才能使用。使用以鹿沼土為主的混合介質

栽植時，為了提升保水效果，要領是將根部左右分開，在根部中間的空隙填入水苔。

　　若需因應環境或管理方式而調整栽培用土，改以盆底吸水法保濕時，不混用泥炭土也可以。若不是採用盆底吸水法，只從盆土表面澆水時，泥炭土就須多加一些，藉由泥炭土來調整水分的吸收。此外，除了書中介紹的栽培用土，亦可單用水苔、或鹿沼土加椰纖土、泥炭土、珍珠石等介質來栽培。依栽培環境挑選最適合的土壤吧！

　　在植株底部鋪上活水苔，不僅具有殺菌效果，利於植物生長之外，視覺上也顯得美觀。基本上只要不是鹼性的化妝砂，任何介質皆可使用。其中特別推薦能襯托瓶子草柔美顏色的富士砂。將混合用土過篩，以直徑只有數公釐的細小顆粒代替化妝砂，也能完成出色的盆景喔！

鹿沼土

左起分別為大粒、中粒、小粒的鹿沼土。鹿沼土是產自於鹿沼地區的酸性土，常用來作為栽培皋月杜鵑的材料。大粒與中粒為盆底用，小粒可混合作為基本培養土的主成分。

珍珠石

人工介質，經高溫燒製而成的石礫。中性，質輕，特徵是透氣性及保水性佳，與培養土混合使用。

泥炭土

酸性土壤，濕地植物堆積腐化分解而成。保水性極佳，常用來作為調整基本用土的材料。

乾燥水苔

經乾燥處理的水苔，須泡水後才能使用。酸性，排水性、保水性佳，透氣性強，常用來作為蘭花的栽培介質。

富士砂

產於富士山的火山礫，主要作為化妝砂來使用。含鐵分，具有防止根部腐敗的效果。多孔隙，排水性與透氣性佳。

基本的栽培用土以小粒鹿沼土10、泥炭土2、珍珠石1的比例混合而成。由於各介質的重量與比例不同，因此必須以鏟子仔細攪拌均勻後使用。

LESSON

02

擺 放 位 置 & 澆 水

栽培瓶子草時，須將植株置於室外日照充足的地方，
保持盆土濕潤則是照護基本。一同來掌握擺放位置＆澆水的基本原則吧！

　　瓶子草需要擺放在日照充足，濕度
適中且通風良好之處。原產地的氣候與
日本相仿，一整年都放在室外並不會有
太大的問題。一整天都能照得到陽光的
室外，是最恰當的放置處。初春發芽之
際尤其需要日照，才能促進葉形發育完
整。大多數品種即使夏季陽光直射也不
受影響，不須移進冷室，或採取遮光措
施。反而是日照不足的情況下，葉子顏
色會不漂亮，有時還會有徒長的現象。
因此要避免放在室內、庭院或陽台等有
遮陰的地方。也要避免擺放於強風吹拂
的地方，以防葉子被風吹斷。種植於陽
台時，要避免擺在空調出風口或室外機
的附近。豪大雨或颱風來襲時，也要防
止葉子折損，或瓶身因積水而倒下。

　　為了減低感染病蟲害的風險，建議
花盆不要直接接觸地面，擺放於花台或
栽培架上較為保險。若栽培在無加溫功
能的塑膠布或玻璃溫室內，雖然葉子不
會被雨淋，能夠漂亮成長，但盛夏必須
留意高溫與悶熱對植株造成的影響。相

形之下，栽培於室外接受充分日照的植
株，生長狀況會較緊實美觀。

　　澆水的基本原則是保持盆土濕潤，
瓶子草十分不耐乾，一旦缺水葉子馬上
就會枯萎，植株也會受到致命性的損
傷，因此必須常年保持盆土濕潤。可經
常從盆土表面澆水以保持濕潤，或是採
用盆底吸水法。不妨依栽種用土及環境
來挑選最適合植株的澆水方式。例如，
以鹿沼土、泥炭土及珍珠石的混合土壤
栽植時，由於泥炭土的保水效果佳，可
斟酌澆水方式與頻率，適度調整泥炭土
的量。像這樣以石礫作為主要介質時，
記得要緩緩的從盆土表面澆水，避免土
壤表面被沖得凹凸不平。

　　盆底吸水法（腰水）則是先在托盤
內倒入1至2公分高的水，再將花盆浸
泡在托盤中，由盆底的排水孔吸水供給
植株所需水分的方法。若托盤中的水變
少，記得要加水，使托盤保持隨時有水
的狀態。有時候亦可使用噴霧器在葉子
上噴水。

下）將水倒入花盆並排的托盤中，由花盆底部吸水。尤其小花盆的水分蒸發快，要隨時保持托盤中有水的狀態。
右）藉由朝盆底生長的活水苔來吸取水分。

　　夏季高溫時，水分蒸發快，再加上適逢瓶子草的生長期，耗水量大，因此要留意水分的供給。在乾燥的冬季時亦同。若無法經常澆水，也可以設置自動澆水器，藉由定時器自動替植株澆水。

　　若瓶子草的盆數較多時，可在栽培棚內鋪上塑膠布、直接倒入水，並將花盆排列擺放在塑膠布上即可。為了使所有花盆都能從排水孔吸取水分，花盆要水平擺放，不要有高低不平的情形發生。亦可使用大型水槽或保麗龍箱，來進行盆底吸水法的管理。

　　盆底吸水法採用一陣子後，盆底的水容易產生水綿（綠藻）。由於滯留的積水容易產生優養化的現象，偏鹼性更容易加速藻類的繁殖，因此須定期倒掉積水並清洗托盤或塑膠布。若有細小的浮萍漂在盆底的水面上，就得採取除藻對策。

　　盛夏期間，若盆內的溫度升高，盆底的水溫也會明顯上升，因此托盤要盡量避免擺放在容易產生高溫的地方或材質上。瓶子草雖然性喜陽光，但根部最好保持在涼爽的狀態。夏季時，盆底的水容易變得溫熱，這點須時時確認，如果水變熱，就得將熱水倒掉換新的水。盆內溫度升高，是導致根部容易腐爛的原因之一，為了調降盆內溫度，可直接從盆土表面澆水，最好能在早晨或夜晚氣溫較低時進行。或是經常以流水更替托盤裡的水，也有人應用循環式的盆底吸水法成功栽培出瓶子草。此外，使用冰涼的地下活水來降溫，亦有助於瓶子草的生長。

　　排水性不佳的培養土容易造成根部腐爛，因此換盆之後，須先從盆土表面澆水，確定水是否迅速從排水孔流出，以確保良好的排水效果。

LESSON

03

換盆方法

栽培瓶子草需要定期換盆。
本單元將說明適當的換盆時期、頻率及方法。

　　瓶子草約2至3年換盆一次。如果可以一年換一次盆，瓶子草會長得更好。換盆適合在12至3月的休眠期間進行，若需分株也是在這個時期。當土壤腐敗產生怪味，或者植株狀況不佳時，不需顧慮時期直接換盆即可。若買來的幼苗土壤已經是排水不佳的舊土，或老舊根系過多，幾乎快滿出來時，也可進行換盆。

　　將植株從盆內取出時，以水沖去舊土避免傷到根部，剪掉枯萎的根，鬆開糾纏在一起的根部，讓新根有足夠的空間生長。土壤中的害蟲也在此時一併驅除。

　　無論選用陶盆、塑膠盆或是其他材質，皆不影響植株的生長，因此依個人喜好挑選盆器栽植即可。素燒盆易乾燥，要經常澆水。盆器過大反而不利於種植，因此要挑選符合植株大小的盆器。若初次挑戰種植瓶子草，可選用較深的4號盆，照顧起來比較容易。

換盆前的軟盆。適合幼苗生長，但排水性稍嫌不良的軟盆。

換盆用的陶盆。挑選符合植株大小的盆器，盆器太大反而不利栽培。

以嶄新面貌示人的瓶子草植株。換盆後，記得在葉片上噴水，同時也要從盆土表面澆水，確定排水沒有問題後，再將陶盆擺在托盤上。

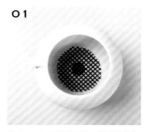

01

首先，在盆底鋪上剪成圓形的紗網，防止害蟲入侵與介質流失。

02

為了提升排水性，盆底石選用大粒鹿沼土，填至陶盆1/5左右的高度。

03

接著以中粒鹿沼土填至陶盆1/4左右的高度。

04

從軟盆中取出的幼苗浸泡在裝入水的容器中，一邊疏鬆根部，一邊將根部的舊土沖洗乾淨。

05

以消毒過的剪刀剪掉舊葉。剪刀事先用打火機烘烤消毒較為保險。

06

剪掉枯萎已變茶色的根。去除舊根能促進新根的生長。

07

為了防止根部乾燥，將根部從中間分開，填入吸飽水的水苔。

08

將幼苗置於盆內，單手將植株高度固定在盆內較淺處，接著填入鹿沼土＆泥炭土＆珍珠石混合而成的栽培用土。

09

將鑷子插入土壤中，使根部間的空隙都確實塞滿介質。

10

以鑷子在盆土表面、植株四周，擺上幾棵小活水苔。

11

盆土表面鋪滿富士砂作為化妝砂，記得要避開活水苔。選用過篩後的極細粒富士砂，能使外觀更美觀。

12

將陶盆浸泡在裝滿水的大型容器中，水的高度保持在盆緣下方，這是為了讓盆土吸水，並且將灰塵等雜質從排水孔流出。反覆相同的步驟直到流出乾淨的水為止。

LESSON

◎4

生 長 週 期

春季到秋季是瓶子草的生長期,冬季則進入休眠期。
了解瓶子草的生長週期,對於栽培照護會更有幫助喔!

　　瓶子草的原產地與日本一樣四季分明,氣候相似,因此栽培週期與原產地相同。春季發芽,長出兩片小小的子葉後,再長出本葉。本葉為小型的管狀捕蟲葉,外形玲瓏可愛。春到秋季會長出一至數根的捕蟲瓶葉,到了冬季進入休眠期,隔年春天繼續生長,經過3至4年成為親株。

　　親株在春季發新芽前,會長出高高豎立的花莖。植株會抽出一至數根的花莖,花莖前端彎曲下垂,頂端會長出一個圓形花蕾。開花時,花朵如花瓣一樣下垂,朝下方綻放。

　　花色主要有黃色與紅色,一週左右花瓣便會枯萎掉落,僅留下花萼與傘狀花柱。花期依品種而異,個體間也有所差異,黃瓶子草的花期最早,約四月上旬就開花,四月下旬分別為翼狀瓶子草及山地瓶子草,五月為白瓶子草、紫瓶子草及紅瓶子草,緊接著五月至六月為小瓶子草及鸚鵡瓶子草。紅瓶子草的花會散發香氣。

　　開花的同時萌發新芽。剛開始扁平細長,上方有裂口的葉子會隨著生長漸漸鼓起,在瓶底積存著消化液,構成具有瓶蓋的美麗管狀瓶身。

　　瓶蓋、瓶身喉部或瓶口處會分泌出蜜汁,引誘昆蟲前來掉進捕蟲瓶中。捕捉到的昆蟲形形色色,有蜜蜂、螞蟻、蒼蠅及大蚊等,有時捕捉到的昆蟲可以堆至瓶身1/3左右的高度。到了夏季,黃瓶子草、山地瓶子草及白瓶子草等品種,會長出不具捕蟲功能,外形如劍般的「劍形葉」。

　　到了秋天,白瓶子草、翼狀瓶子草及紅瓶子草等品種的葉子會變紅,形成美麗的秋葉。紅色系的品種到了這個時期最有觀賞價值。黃瓶子草及山地瓶子草這時已不會長出管狀的捕蟲葉。授粉成功的植株會在秋天結果,果實中藏有無數種子。到了冬天,花期較早的黃瓶子草等品種,葉子會開始枯萎,生長速度也隨著氣溫下降變得緩慢,進入休眠期。隔年春天會再開始生長。

LESSON
05

四季管理照護

春夏秋冬擁有不同風情的瓶子草，
每個季節都有需要注意的照護管理之處。

SPRING

春天是萌發新芽的季節，要記得將瓶子草拿到室外曬太陽，才能長出美麗的葉形。水要澆透，或是採用盆底吸水法供給水分。新芽容易招來蚜蟲，可用手或藥劑驅除。這時期也常有夜盜蟲、蛞蝓及蝗蟲等蟲害危害植株，並且成為病毒的根源，造成葉子扭曲變形，因此須特別留意病蟲害的防治。春季也是開花季，若欲培育種子可進行授粉。

AUTUMN

梅雨季到夏季這段時期，根部容易出現腐爛的狀況，因此須檢查土壤是否發出怪味。為了防止根部腐爛，不要讓盆底的水溫過高，可利用早晨或夜晚氣溫較低時，從盆土表面澆水，降低盆內溫度。尤其是黃瓶子草及小瓶子草等不耐熱的品種，須擺放於通風良好且不會產生熱氣的地方。修剪枯萎的葉子也能使植株的透氣性變好。

SUMMER

氣溫一下降，白瓶子草及翼狀瓶子草等品種的葉子會變成美麗的紅葉，充足的日照會讓紅葉更加鮮豔。此外，澆水要澆透，或是採用盆底吸水法供給水分。在春季授粉成功的植株，種子會在這個時期日趨成熟，要在外殼裂開之前取出種子，不要讓種子碰到水，以紙包起來後放置於陰暗處。

WINTER

到了冬天，許多品種的葉子會枯萎，進入休眠期。此時若將植株移至室內或溫室，瓶子草會繼續生長而不會進入休眠期，但隔年春天的生長速度會變得緩慢，因此還是將植株置於寒冷的環境中較佳。冬季氣候較乾燥，水要澆透，或是勤於添加托盆裡的水，不要讓盆土呈現乾燥的狀態。這個時期可進行換盆或分株繁殖。

LESSON
06

播 種 育 苗

瓶子草可以從開花結果採下來的種子栽培。
感受小小種子裡蘊藏的強韌生命力。

瓶子草可藉由「分株」及「播種」兩種方式繁殖。在冬季休眠期換盆的同時，一併進行分株。將鱗莖依今年的新葉與去年的舊葉為區分，輕輕掰成兩半，分別栽植於不同的花盆內。

至於播種的方法。首先，從種子殼採收秋季成熟的種子備用，到了隔年二月左右，分別在育苗穴盤或軟盆中，填進水苔、泥炭土及鹿沼土等介質，表面鋪上過篩的泥炭土，澆濕盆土後，即可進行播種。種子細小，因此播種後不需覆土。記得在花盆裡插上標示牌，寫下播種日期與品種名。

將育苗穴盤或軟盆擺在日照充足的地方，採用盆底吸水法使土壤保持濕潤，到了春天就會發出新芽。剛開始會長出細長的雙子葉，之後會從中間長出管狀的本葉。將種子置於寒冷的環境中，到了春天會較容易發芽。

發芽後同樣以盆底吸水法供給水分，將幼苗擺放於日照充足的地方，待長出2至3根的管狀瓶身後，即可進行定植。種子苗較脆弱，到了冬天可放進無加溫的育苗盒和水槽內，便於照護管理。

在濕潤的盆土上播種後，給予充足的日照，並保持土壤潮濕，1至2個月後便會開始發芽。

幼苗期就會長出管狀的捕蟲葉。將幼苗擺放在日照充足的地方，採用盆底吸水法供給水分，到了休眠期進行換盆，相同的程序一再反覆，歷經3至4年的管理照護，就會成長為成株。

LESSON

07

剪下植栽作為切花

若瓶子草的植株生長強健，
不妨剪下葉子製作成花藝設計。

將自己栽培的瓶子草剪下作為切花裝飾，或設計成花禮吧！瓶子草在日本春天5至6月左右時最美，10至11月左右的瑰麗紅葉也十分有可看性。黃瓶子草與山地瓶子草在春天時節最美麗，尤其黃瓶子草不僅外形優雅，可達一公尺左右的高度亦可充分運用。白瓶子草、紅瓶子草、小瓶子草及紫瓶子草，到了秋天會變成美麗的紅葉，非常適合作為花藝設計。

為了保持葉子的清潔，可在瓶口處塞入棉花，避免昆蟲掉入囊中。此外，瓶蓋或瓶口分泌出蜜汁後，容易沾染灰塵或煤炭等污垢，其中尤以不帶紅色素品種的瓶子草，一旦髒污最是明顯，因此須特別留意。為了防止植株感染病毒，剪下葉子時，使用消毒過的剪刀較為保險。只要以打火機的火烘烤乾燥的刀刃，就足以達到消毒殺菌的效果。

剪下的瓶子草，先將瓶身裡的水倒掉後再處理。春季時，不妨用瓶子草來插瓶吧！花瓣掉落後，花萼仍會留下，具有長期的觀賞價值。

黃瓶子草系的交配種，植株強健葉量多，相當適合作為切花。

翼狀瓶子草系的交配種葉子數量多，可將修剪的葉子作為切花。

白瓶子草高雅的紅色秋葉。栽培時要注意，別讓蜜汁黏附灰塵弄髒了網紋。

可觀賞瓶子草的
植 物 園

夢之島熱帶植物館

東京都江東區夢之島2-1-1
TEL.03-3522-0281
http://www.yumenoshima.jp/index.html

板橋區立熱帶環境植物館

東京都板橋區高島平8-29-2
TEL.03-5920-1131
http://www.seibu-la.co.jp/nettaikan/

水戶市植物公園

茨城縣水戶市小吹町504
TEL.029-243-9311
http://www.mito-botanical-park.com/

筑波實驗植物園

茨城縣筑波市天久保4-1-1
TEL.029-851-5159
http://www.tbg.kahaku.go.jp/

神奈川縣立花卉中心大船植物園

神奈川縣鎌倉市岡本1018
TEL.0467-46-2188
http://www.pref.kanagawa.jp/cnt/f598/

箱根町立箱根濕生花園（3/20～11/30開放）

神奈川縣足柄下郡箱根町仙石原817
TEL.0460-84-7293
http://www.kyokai.hakone.or.jp/hakoneshissei/

熱川香蕉鱷魚園

靜岡縣賀茂郡東伊豆町奈良本1253-10
TEL.0557-23-1105
http://www.i-younet.ne.jp/～wanien/

安城產業文化公園Denpark

愛知縣安城市赤松町梶丨
TEL.0566-92-7111
http://denpark.jp/

兵庫縣立花卉中心

兵庫縣加西市豊倉町飯森1282-1
TEL.0790-47-1182
http://www.flower-center.pref.hyogo.jp/

瓶子草豐富多樣的
育苗場 & 店鋪索引

株式會社　山惠

東京都墨田區東向島5-29-8
TEL.090-4539-4975
E-mail：qq4q4uur9@iris.ocn.ne.jp

瓶子草牧場

高知縣安芸郡北川村野友甲1355-1
TEL.0887-38-4026
http://tok00.web.fc2.com/

一正園

東京都八丈島八丈町中之鄉2407-3
TEL.0499-67-0446

伊勢花菖蒲園

三重縣津市安濃町連部229
TEL.059-268-2285
http://isehana.com/

Y's Exotics　（株式會社 小町ＧＧ）

廣島縣廣島市西區高須台1-14
TEL.082-569-5844
http://ys-exotics.com/

大谷園藝

神奈川縣川崎市多摩區長尾5-13-9
TEL.044-911-4430
http://www5d.biglobe.ne.jp/〜greval /

株式會社　アルペンガーデンやまくさ

〒346-0115　埼玉縣久喜市菖蒲町小林5855-1
TEL.0480-85-8287
http://8093.org/

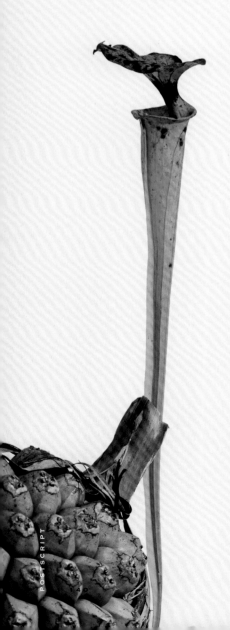

後 記

我第一次接觸到數量如此龐大的瓶子草,是在三重縣津市的伊勢花菖蒲園。伊勢花菖蒲園主要是瓶子草與花菖蒲的育苗場,參觀當時是特別開放才得以進入。廣大的苗圃用地遍佈著形形色色的瓶子草,宛如「瓶子草之海」的壯觀景象不禁令人折服,各個品種饒富趣味的外形、顏色與美麗的紋路,深深牽動著我的心。

從那次之後,我個人便開始種植瓶子草,將其作為切花來運用,或享受作成押花的樂趣。這次十分感謝能夠藉由出書的機會,與大家分享瓶子草前所未有的魅力。

瓶子草的外形,具有其他植物沒有的獨特魅力。首先是那附有瓶蓋的獨特管狀葉,而且這葉子還具有捕捉昆蟲的功能。一提到食蟲植物,似乎總是先入為主的給人古怪的印象,不過那只是表象而已,實際上卻是充滿個性,優雅美麗的植物。為了讓更多讀者感受瓶子草的魅力,本書中收錄了花藝設計師岡寬之先生的插花作品,以及園藝家中村英二先生的盆栽作品;能夠將我愛不釋手的瓶子草化為如此精彩的藝術作品,目睹之時讓我整顆心都為之雀躍。

在一冊裡同時介紹插花與盆栽作品的書籍,市面上並不多見。但藉由這樣的方式,卻讓兩位專家對瓶子草的獨到詮釋相輔相成,更加完整呈現了瓶子草的多面魅力。

　　植株被剪下離開根部的那一刻起，便已開始邁向死亡之路，插花呈現了生命力的瞬間之美；盆栽則需要長時間的細心呵護——記錄著植物從誕生到枯萎的一生，刻劃著成長之美。

　　藉由插花與盆栽兩線並行的作品展示，兩種相異的表現手法，展現「生」與「死」的對比。然而，生與死並非相對，而是不斷循環。預感死亡的生，能使生命變得更堅強，因此生亦具有死亡的預感。藉由兩位的作品，讓我重新領悟了瓶子草的生死之美，在此衷心感謝岡寬之先生與中村英二先生的協助。

　　也要藉此篇幅感謝提供瓶子草幼苗與切花給我們的育苗場——瓶子草牧場的川北俊夫先生、Y's Exotics 的山田眞也先生、農場攝影協力的株式會社　山惠的山室雅揮先生、提供瓶子草原生地相片與相關訊息的近藤鋼司先生、製作瓶子草專用獨創陶盆的陶藝家渡邊賢司先生、企劃贊助的誠文堂新光社《月刊FLORIST》主編大関真哉先生、編輯平野威先生、藝術總監千葉隆道先生、攝影師高橋稔先生等多位工作人員，在此獻上滿懷感恩的心向大家道聲謝謝。最後衷心感謝耐心讀至此頁的讀者，真的謝謝您！

瓶 子 草 學 名 索 引

作 者 & 花 藝 創 作 者 介 紹

木谷美咲
Misaki Kiya

食蟲植物愛好者、園藝作家、作家。致力於介紹與推廣食蟲植物的魅力。著有《大好き、食蟲植物》、《私、食蟲植物の奴隸です。》（水曜社）、《100%療癒の神奇植物》、《疾走！ハエトリくん　他2編》（山と渓谷社）、《不可思議プランツ圖鑑》（誠文堂新光社）等。也經常參加《塔摩利俱樂部》、《伊藤正幸のGreen Festa》等電視及廣播節目的演出。
部落格　http：//ameblo.jp/magicalplants/

岡 寬之
Hiroyuki Oka

師事荒井楓久香老師學習花藝設計，並且至丹麥深造。曾榮獲International FLORAL ART0809的銀葉獎。過去任職於Mami Flower Design、Flore21，目前則是以自由工作者的身分活躍於花藝設計界，講求俐落時尚的設計風格。2013年7月，由比利時Stichting Kunstboek出版社發行個人首本作品集《HiroyukiOka MONOGRAPH》。
網站　http://www.hiroyukioka.com

中村英二
Eiji Nakamura

Eiji Nakamura
園藝家，皮件訂製店SEFIA代表師傅。已逝作家——遠藤周作喜愛的盆栽園「文人園」園主的後代，自幼耳濡目染之下，精通盆栽與山野草木的栽培。活用盆栽技巧完成了許多食蟲植物及多肉植物的作品。除了電視、廣播及各種活動外，也擔任各家園藝雜誌及書籍《100%療癒の神奇植物》（山と渓谷社）的作品製作，亦經常在植物園與藝廊舉行盆栽展。

國家圖書館出版品預行編目資料

奇形美學食蟲植物瓶子草：栽培照護＆花藝應
用完全指南 / 木谷美咲著；鄭昀育譯 . -- 初版 .
-- 新北市：噴泉文化館出版：悅智文化發行，
2016.12
　　面；　公分 . -- (花之道；30)
譯自：食虫植物サラセニア・アレンジブック
ISBN 978-986-93840-2-5(平裝)
1. 觀賞植物 2. 食蟲目 3. 栽培

435.49　　　　　　　　　105020840